TRAITÉ

D'AGRICULTURE

ET DE L'ÉLÈVE

DES PRINCIPAUX ANIMAUX DOMESTIQUES.

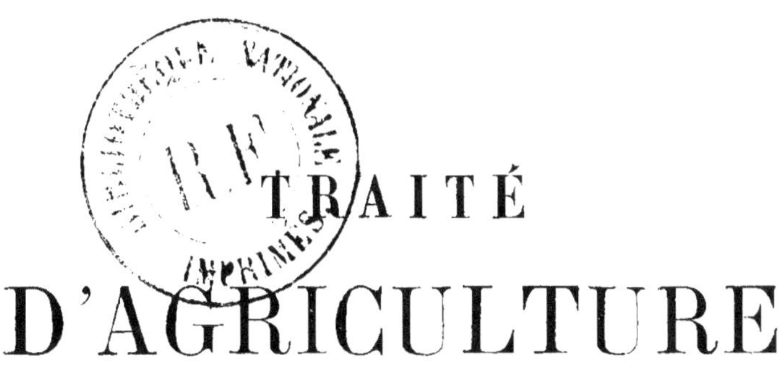

TRAITÉ D'AGRICULTURE

ET DE L'ÉLÈVE

DES PRINCIPAUX ANIMAUX DOMESTIQUES

DU DÉPARTEMENT DU DOUBS ET DES DÉPARTEMENTS LIMITROPHES,

PAR

E.-J. SIMONNIN,

VÉTÉRINAIRE A MAICHE,

MEMBRE DE LA SOCIÉTÉ D'AGRICULTURE DU DÉPARTEMENT DU DOUBS,
PRÉSIDENT DU COMICE AGRICOLE DE SAINT-HIPPOLYTE.

Ouvrage couronné par la Société d'Agriculture du département du Doubs
ET PAR LA SOCIÉTÉ CENTRALE DE MÉDECINE VÉTÉRINAIRE A PARIS

BESANÇON.

IMPRIMERIE ET LITHOGRAPHIE DE J. JACQUIN,
Grande-Rue, 14, à la Vieille-Intendance.

1871.

EXTRAIT DU PROCÈS-VERBAL

DE LA

SOCIÉTÉ DÉPARTEMENTALE D'AGRICULTURE DU DOUBS,

Séance du 14 décembre 1869.

M. Berger, notre secrétaire, donne lecture du rapport analytique qu'il a été chargé de faire sur l'ouvrage de notre collègue M. Simonnin, médecin vétérinaire à Maîche.

Il conclut 1° à une récompense consistant en une médaille d'argent grand module, portant en exergue le nom de l'auteur, ainsi que le motif du prix décerné;

2° A une inscription spéciale au procès-verbal, faisant connaître le titre de l'ouvrage et le jugement qu'en a porté la Société, tant au point de vue pratique qu'au point de vue théorique.

Ces conclusions ayant été adoptées à l'unanimité, sont ainsi formulées :

« Après avoir entendu la lecture du rapport de son secrétaire sur l'ouvrage de M. Simonnin, et l'avoir adopté

dans toute sa teneur, la Société, sous réserve des critiques
mentionnées dans le rapport, a, à l'unanimité, reconnu
que le travail de M. Simonnin renferme d'excellents enseignements, tout à fait dignes d'être portés à la connaissance des populations agricoles du pays, qui y trouveront
un guide sûr dans l'exécution des travaux de la ferme.

Elle engage l'auteur à le livrer à l'impression, et en
conséquence, comme témoignage du mérite utile qu'elle
reconnaît à cet ouvrage, elle accorde à M. Simonnin,
Émile, la récompense demandée dans les termes ci-dessus exprimés.

Pour extrait du procès-verbal :

Signé : BERGER,
Secrétaire de la Société.

AVANT-PROPOS.

———

La science est à l'agriculteur ce que
la boussole est au marin ; et, semblable
au vaisseau sans lest, le cultivateur sans
théorie est exposé à chavirer.

En nous proposant, dans ce Mémoire, une étude
sur l'élève du cheval, du bœuf, du mouton et du
porc, dans le département du Doubs, nous n'avons
certes pas la prétention d'entrer dans tous les détails
que comporte la question ; nous avons seulement à
cœur d'élucider quelques points qui nous paraissent
encore obscurs pour la majeure partie des cultivateurs, et d'opposer le tribut de nos observations et
de nos études à des opinions et à des préjugés qui
sont contraires aux principes d'une bonne agriculture et d'un bon élevage.

Si nous parvenons à toucher juste et à éclairer en
quelques points nos cultivateurs, ce sera pour nous

un grand dédommagement à la tâche que nous nous sommes imposée.

Mais, avant d'entrer en matière, il n'est pas sans intérêt de jeter un coup d'œil sur la situation topographique du département, sur son système cultural, sur ses produits et sur les améliorations à y apporter ; car, en agriculture, il y a entre le sol et les êtres qu'il porte, une corrélation si intime que ce serait tronquer la question que de parler de l'élève d'un animal sans parler de l'agriculture du pays. Celui qui a dit : *Tant vaut la terre, tant valent les animaux*, a dit une bien grande vérité ; il en est de même de celui qui a dit : *Tant vaut l'homme, tant vaut la terre*. Mais ce serait sortir de notre cadre que d'étudier la valeur physique et morale des habitants de la contrée dont nous nous occupons, et ce n'est pas dans ce sens que nous avons dirigé nos travaux.

TRAITÉ

DE L'AGRICULTURE

ET DE L'ÉLÈVE DES ANIMAUX DOMESTIQUES

DANS LE DÉPARTEMENT DU DOUBS

et les pays limitrophes.

CHAPITRE PREMIER.

DE L'AGRICULTURE DANS LE DÉPARTEMENT DU DOUBS.

§ Ier.

Topographie (1).

L'ancienne province de Franche-Comté comprend trois départements, qui sont le Doubs, le Jura et la Haute-Saône; c'est du département du Doubs que nous avons l'intention de parler.

Il est compris entre le 46° 33' et le 47° 36' de latitude septentrionale, et entre le 3° 22' et le 4° 45' de longitude à l'est du méridien de l'observatoire de Paris.

(1) Nous nous sommes aidé, pour la partie topographique et statistique, de l'*Annuaire* publié par M. Paul Laurens, président de la Société d'Agriculture du département du Doubs.

Il est borné au nord par la Haute-Saône et le Haut-Rhin, à l'est par la Suisse, à l'ouest par la Haute-Saône et la rivière de l'Ognon.

Sa plus grande longueur, de l'extrémité septentrionale du canton de Montbéliard à l'extrémité méridionale du canton de Mouthe, est de 190 kilomètres ; sa plus grande largeur, de l'est à l'ouest, c'est-à-dire du point où le Doubs rentre en France, à Richebourg, et où la Loue entre dans le Jura, est de 157 kilomètres.

Ce département, un des plus pittoresques et des plus attrayants, offre aux regards du touriste des coups d'œil variés. Il mesure une superficie de 522,895 hectares, occupés par 296,000 habitants, dont 171,150 environ se livrent plus ou moins aux travaux agricoles.

Ces 522,895 hectares se répartissent en cultures comme suit, savoir :

Céréales et légumes,	110,770 hect. donnant en argent 30 millions.		
Prairies naturelles fauchées,	94,985	—	9 —
— artificielles,	33,558	—	3 —
En pâturages,	63,232	—	2 —
En bois et friches,	220,350	—	4 —
Total,	522,895 hect.	—	48 millions.

Si l'on compare notre situation actuelle avec ce qu'elle tait en l'an XII, nous voyons qu'à cette époque nous ne possédions que :

En prairies naturelles, 44,758 h. ⎫
Et en prairies artificielles, 1,540 h. ⎬ 46,298 hectares
⎭

Aujourd'hui il y en a 129,000 hectares dans le département.

Il y a seulement cinquante ans, on suivait dans tout

le département le système des jachères mortes ; aujourd'hui elles sont réduites à 6,000 hectares environ.

L'assainissement des terrains humides et marécageux est en voie de prospérité. Par suite des efforts et des recommandations de la Société départementale d'agriculture et des comices, les cultivateurs ont compris les avantages qu'il y a dans l'application du *drainage* à l'amélioration des terres humides, de sorte qu'aujourd'hui nous n'avons plus que 3,450 hectares environ de terrains à assainir par ce système d'amélioration ; c'est encore beaucoup trop, à la vérité, mais chaque année cette étendue diminue.

Autrefois les terrains communaux étaient peu ou point cultivés ; en 1852, le département en comptait déjà 8,000 hectares en culture, et aujourd'hui le nombre en a encore beaucoup augmenté. Tout le département ne progresse pas également dans cette voie, et il est important de signaler que c'est dans la deuxième et la troisième zone que cette amélioration se propage le plus ; cela se comprend bien vite quand on connaît les différences climatériques qui existent dans le département.

Le département du Doubs se compose de quatre arrondissements, vingt-sept cantons et six cent quarante communes.

1° L'arrondissement de Besançon comprend huit cantons : Amancey, Audeux, Besançon sud, Besançon nord, Boussières, Marchaux, Ornans et Quingey, qui forment une superficie de 139,310 hectares, et comptent une population de 110,826 habitants.

2° L'arrondissement de Baume comprend sept cantons :

Baume, Clerval, l'Isle-sur-le-Doubs, Pierrefontaine, Rougemont, Roulans et Vercel, donnant une superficie de 147,469 hectares, et une population de 68,354 habitants.

3° L'arrondissement de Montbéliard comprend sept cantons : Audincourt, Blamont, Saint-Hippolyte, Maîche, Montbéliard, Pont-de-Roide et le Russey, dont la superficie est de 107,759 hectares, et la population de 65,304 habitants.

4° Enfin l'arrondissement de Pontarlier, comprenant cinq cantons, Levier, Montbenoît, Morteau, Mouthe et Pontarlier, a une superficie de 128,354 hectares et une population de 52,195 habitants.

Incliné de l'est à l'ouest, le département a la configuration triangulaire, dont la plus grande dimension et la partie la plus élevée bordent la Suisse.

Il est traversé de l'est à l'ouest par quatre chaînes de montagnes qui le divisent en trois zones et qui font varier les produits du sol selon le plus ou moins d'élévation de ces montagnes, plutôt que par la différence de composition et de nature du terrain.

Rivières. Les eaux sont aussi très abondantes dans le département ; ainsi on compte dix rivières, vingt cours d'eau secondaires et deux cent soixante-quatre ruisseaux.

Les rivières sont : le Doubs, la Loue, le Dessoubre, l'Ognon, le Lison, le Drugeon, le Cusancin, l'Allan, la Luzine, la Savoureuse et la Barbèche.

Nous n'avons pas l'intention de décrire avec détail le trajet de toutes ces rivières ; nous citerons seulement en son lieu et place l'action bienfaisante de leurs eaux sur les terrains où elles passent, et pour le moment nous dirons seulement quelques mots du Doubs et des rivières qu'il reçoit dans son trajet.

Le Doubs, qui donne son nom au département, prend son origine au sud-est de son territoire, au mont Rizoux, à 952 mètres au-dessus du niveau de la mer, puis longe le département vers l'est, et revient vers son point de départ, à l'ouest, pour se jeter dans la Saône, à Verdun, à 176 mètres au-dessus du niveau de la mer.

Il parcourt le département en formant un fer à cheval, et reçoit dans son trajet, qui est de 32 myriamètres, le Drugeon, le Lison, le Dessoubre, la Barbèche, l'Allan, le Cusancin, l'Ognon et la Loue.

Chaînes de montagnes. La première chaîne de montagnes qui traverse le département est la seconde ligne des monts Jura, qui s'étend depuis les montagnes de Saint-Claude, longe le canton de Mouthe au sud-est, passe à gauche de la vallée de Joux, et suit la rive droite de la rivière du Doubs jusqu'à Saint-Ursanne (Suisse).

Cette chaîne de montagnes, la plus haute du département, s'élève en certains endroits de 1,200 à 1,600 mètres au-dessus du niveau de la mer, et à 400 mètres au-dessus du sol. Elle se soutient dans presque toute son étendue à 1,200 ou 1,300 mètres au-dessus du niveau de la mer.

Tableau des altitudes de cette chaîne.

Le *Rizoux*, au-dessus de la Chapelle-des-Bois, à 1,324 m.
Le *Landoz*, près de la source du Doubs . . . 1,464
Le *Mont-d'Or*, sur le Noirmont (Suisse). . . . 1,300
Le *Suchet*, sur la frontière suisse 1,610

Le *Mont-de-Larbat*, près des Hôpitaux. . . . 1,264 m.
Le *Gros-Taureau*, à une lieue de Pontarlier . . 1,352
Le *Mont-de-Scey*, entre Montbenoît et les Gras . 1,224
Et le *Châteleu*, à l'est de Morteau 1,324

La seconde chaîne, moins élevée que la précédente de 200 à 300 mètres, prend naissance dans les environs de Saint-Claude, au mont d'Avignon, suit la rive gauche du Doubs pour finir aussi à Saint-Ursanne. Les cimes les plus élevées sont de 1,100 à 1,200 mètres au-dessus du niveau de la mer.

Tableau des altitudes de cette chaîne.

Le *Mont-Champvant,* près de Chaux-Neuve . . 1,232 m.
Le *Laveron,* au sud de Pontarlier 1,056
Le *Mont-Cicon,* près de Nods. 1,004
Et le *Crêt-Monniot,* près de la Chaux-de-Gilley . 1,104

La *troisième chaîne* commence au confluent de l'Ain et de la Bienne, dans le Jura, pour se terminer au confluent du Doubs et du Dessoubre, à Saint-Hippolyte, en bordant et en encadrant dans son cours cette dernière rivière.

Cette chaîne présente peu de cimes; elle est à peu près égale partout et domine la mer de 800 à 1,000 mètres; elle ne présente d'interruption que près d'*Ornans* et de *Vuillafans,* où elle forme par sa moindre élévation les plateaux de ce nom.

Tableau des altitudes de cette chaîne.

Le sommet du *Pic de Montmahoux.* . . . . . 820 m.
La côte de *Déservillers* 836
La côte de *Reugney* 904
La côte d'*Evillers* 944

La roche de *Hautepierre*	916 m.
Le *Peu de Laviron*	902
Le *Mémont*	980
La côte de *Vennes*	996
Les monts de *Bonnétage*	998
Le *Fauverger*, près de Maîche.	992
Les *Miroirs*, id.	996
Le mont *Repentir*	1,059
Les monts de *Grand' Combe*.	1,081
Indevillers	818
Trévillers	801
Charquemont	898
Les *Fontenelles*	881
Le *Russey*	873
Maîche	781

La *quatrième chaîne*, qui est le *Lomont*, prend son origine près de Bourg (Ain), passe entre Lons-le-Saunier et Salins, dans le Jura, pour se continuer dans le Doubs par Quingey, Besançon, Baume, Pont-de-Roide, et pénétrer en Suisse par Porentruy.

Cette chaîne est la moins élevée; elle varie de 400 à 800 mètres au-dessus du niveau de la mer.

Tableau des altitudes de cette chaîne.

Le *Mont-Poupet*, près de Salins	872 m.
La côte de *Ronchaux*.	540
La roche de *Pugey*	504
Le mont d'*Arguel*	512
Le mont *Planoise*, près de Besançon.	490
Le mont *Rosemont*, id.	464
Le mont *Chaudanne*, id. au fort . . .	420
Le mont de *Bregille*, id. au fort . . .	464
La *Chapelle des Buis*.	470
La *Citadelle de Besançon*	382

Il résulte de la présence de ces quatre chaines de montagnes, que le département du Doubs présente une surface en amphithéâtre comprenant des plateaux entre-coupés de vallées parallèles qui vont en diminuant d'élévation de l'est à l'ouest, pour se terminer insensiblement par une surface moins accidentée appelée la plaine du département. De cette configuration du département en gradins résulte une excessive variété dans le climat et la température. Pour faciliter notre étude, nous le diviserons en trois zones, qui sont : 1° la *haute montagne,* 2° la *moyenne montagne,* et 3° ce qu'on est convenu d'appeler la *plaine.*

Avant d'étudier chacune de ces zones en particulier, jetons un coup d'œil sur la constitution géologique du département et sur son climat.

Constitution géologique. — Le département du Doubs, considéré au point de vue géologique, ne renferme que des terrains sédimentaires, et encore l'échelle de ceux-ci s'arrête-t-elle au grès bigarré. Le terrain tertiaire inférieur et le terrain crétacé manquent complétement. Il suit de là que les roches du département se rattachent à cinq formations comprenant douze subdivisions.

Trias	{	Muschelkalk ou calcaire conchylien. Marnes irisées.

Terrain jurassique.	Lias.	{	Grès intraliasique calcaire à gryphées. Argues. Lias moyen. Marnes supraliasiques.
	Etage inférieur du système oolithique.	{	Oolithe inférieure. Grande oolithe fullerscarth. Forest marble-cornbrasch.
	Etage moyen du système oolithique.	{	Argile d'Oxford, corallien. Marnes et calcaires à astartes.
	Etage supérieur du système oolithique.	{	Argile calcaire de Portland.

Systéme de la Côte-d'Or, E. 40° N.

Terrain crétacé inférieur.	{	Wealdien. Néocomien. Grès vert, gauld, craie chloritée.

Systéme des îles de Corse et de Sardaigne, N. S.

Terrain tertiaire.	{	Les mammifères existent déjà au commencement de ce groupe et deviennent très abondants vers le milieu.	{	Moyenne molasse. Système des Alpes occidentales, N. 26° E. Supérieur; alluvions anciennes de la Bresse.

Systéme de la chaine principale des Alpes, E. 16° N.

Dépôts postérieurs aux dernières dislocations du sol.	{	Diluvium, alluvions, tourbes, tufs, calcaires, etc.

Relativement au sol, le département comprend cinq classes, savoir :

1° Les terres fortes, 2° les terres légères, 3° les terres maigres, 4° les terres ferrugineuses, 5° et les terres magnésiennes.

Donnons quelques détails empruntés à M. Paul Laurens.

Les terres *fortes* sont jaunâtres, rougeâtres ou d'un gris noirâtre ; elles ont beaucoup de cohésion ; elles sont compactes , difficiles à labourer , et presque imperméables. Leur compacité tenant à la proportion d'alumine, elles ne sont fertiles qu'autant que cette proportion ne dépasse pas certaines limites ; autrement elles conservent l'eau, elles sont humides, et les racines des végétaux pourrissent.

Les terres *légères* sont grisâtres ou jaunâtres , leurs particules peu cohérentes, le labour est facile. Elles sont sablonneuses, calcaires ou marneuses , selon que c'est la silice, la chaux ou la pierraille calcaire qui domine ; elles sont friables et très productives lorsqu'elles retiennent la quantité d'eau nécessaire à la végétation.

Les terres *maigres* sont d'un gris-blanchâtre ou jaunâtre. Elles sont sablonneuses ou calcaires et renferment une forte proportion de silice et de chaux, ce qui fait qu'elles retiennent peu l'eau nécessaire à la végétation et sont d'un faible rapport.

Les terres *ferrugineuses* ont une couleur rougeâtre plus ou moins foncée et sont argileuses. Comme le protoxyde de fer qu'elles renferment souvent est nuisible à la végétation, elles ne sont généralement pas productives.

Les terres *magnésiennes* sont marneuses , grisâtres ou noirâtres ; la magnésie exerçant une action pernicieuse sur la végétation, elles sont d'un médiocre rapport.

Pour qu'une terre soit dite végétale, elle doit renfermer trois principaux éléments qui sont : la chaux, la silice et l'alumine ; une quatrième substance s'y trouve souvent combinée, c'est l'humus.

Température. On comprend facilement que le département du Doubs étant divisé en plusieurs chaînes de montagnes qui varient considérablement de hauteur, la température est loin d'y être uniforme.

Le climat est excessivement froid dans la haute montagne, où pendant six mois de l'année la terre est ou gelée ou couverte de neige ; il se tempère un peu dans la seconde zone, pour être dans la plaine relativement très doux : aussi, est-ce surtout à la différence si grande dans la température du département que nous devons cette variation si considérable des produits du sol et par suite cette différence dans la culture et l'élevage de nos animaux domestiques.

D'après les calculs, la température moyenne à Besançon, qui est à une altitude de 242 mètres, serait de 10° 70 ; la haute montagne, qui n'a à proprement parler que deux saisons, *l'époque des neiges et l'époque d'été*, a une température moyenne annuelle de 7° centigrades ; souvent la température s'abaisse en hiver jusqu'à 20 et 25° centigrades.

Les vents dominants sont : le sud-ouest, le nord-ouest et le nord-est. On appelle *vent* le sud-ouest, *vent de Lorraine* le nord-ouest, et *bise* le nord-est.

Haute montagne. La haute montagne comprend en superficie tout l'arrondissement de Pontarlier, les cantons de Maiche, du Russey et de Saint-Hippolyte, dans l'arrondissement de Montbéliard.

Les plateaux de cette zone, qui ont en moyenne de 11 à 15 kilomètres de largeur, sont entrecoupés de vastes forêts de sapins qui sont une richesse pour le pays (1). La culture y est très peu variée et très peu répandue. La température pendant six mois de l'année y est si basse qu'elle ne permet guère que la culture des graines du printemps, orge, avoine, plantes textiles, choux et pommes de terre. Le blé ne se rencontre qu'exceptionnellement ailleurs que dans les cantons de l'arrondissement de Montbéliard faisant partie de cette zone.

Par contre, sur ces plateaux et sur le revers des montagnes, les pâturages sont abondants et produisent une nourriture très succulente et très favorable à l'entretien de nombreux troupeaux. L'esparcette est cultivée avantageusement dans la partie *est* de cette zone, et il est à désirer que sa culture y soit plus répandue.

La haute montagne est délimitée par le sommet des deux premières chaînes de montagnes du département. Elle est traversée par la rivière du Doubs, qui suit un vallon étroit depuis le Rizoux, passe sur les territoires de Pontarlier, Morteau, Indevillers, où il délimite la France de la Suisse, pour rentrer en France à Saint-Ursanne, parcourir le vallon de Glère, Vaufrey, Saint-Hippolyte, et se continuer dans les deux autres zones de notre département. Il reçoit dans ce trajet plusieurs petits ruis-

____

(1) A 1,000 mètres au-dessus du niveau de la mer, le sapin devient rare ; à 1,100 mètres, l'épicéa le remplace.

seaux qui fertilisent les terres par où ils passent; ce sont la *Fontaine-Ronde* au fort de Joux, le *Drugeon* et le *Dessoubre*.

Cette partie du département est aussi parcourue par la *Loue,* qui féconde de ses eaux bienfaisantes la vallée de Mouthier, passe à Ornans et se jette dans le Doubs, près de Dole (Jura).

Le sol de la *haute montagne* est généralement calcaire, argileux et marneux, et le sol arable est compris dans la catégorie des terres fortes. Il s'y trouve même d'assez grandes étendues de terrains marécageux, dus à un excès de magnésie, et appelés *seignes* dans le pays. Des terrains tourbeux, occupant une superficie de 530 hectares et une épaisseur de 2 mètres 20 en moyenne, s'y rencontrent aussi près de Morteau et de Bonnétage. Les versants de la haute montagne sont très abrupts et très inclinés, la terre est moins ferme, et c'est là qu'existent plus spécialement l'argilo-calcaire et le sablonneux.

Superficie. La première zone ou haute montagne mesure une superficie de 189,210 hectares environ, répartis comme suit, savoir :

Céréales et légumes.	17,302 hect.
Prairies artificielles.	5,602
Prairies naturelles fauchées	46,112
Prairies naturelles pâturées	50,590
Bois, forêts	69,604
Total. .	189,210

Comme on le voit par cet exposé, la culture des céréales et légumineuses y est relativement peu répandue.

Cela se comprend quand on sait que pendant six mois de l'année la terre est gelée ou couverte de neige ; souvent même on éprouve de la peine à terminer les récoltes en septembre et octobre avant les mauvais temps.

Il est bien difficile d'apporter une modification avantageuse à cet état de choses ; ce n'est donc pas de ce côté que les améliorations agricoles doivent tendre ; on doit cependant faire exception pour les cantons de Saint-Hippolyte, Maîche et même du Russey, où la culture du blé et des légumes réussit parfaitement.

On ne suit, à proprement parler, pas d'assolement dans cette zone ; chaque propriétaire ensemence ses terres comme bon lui semble. Il les cultive de trois à cinq ans, en faisant alterner le blé, l'avoine, l'orge, le méteil, les pommes de terre et quelques plantes textiles ; après ce laps de temps, il les laisse en prairies naturelles.

Dans la partie ouest de la haute montagne, les fourrages naturels venant bien et, par contre, les fourrages artificiels ne réussissant pas, contrariés par les fortes gelées d'hiver plutôt que par toute autre cause, on se contente de ne plus cultiver le champ, qui s'enherbe de plantes très aromatiques et très substantielles, qu'on laisse en cet état jusqu'à ce qu'il ne donne plus assez.

D'une composition excellente en graminées et légumineuses, ces fourrages acquièrent, par suite du sol et du climat surtout, des propriétés précieuses ; aussi le lait, le beurre et le fromage provenant de ces contrées possèdent des qualités qui les font préférer aux mêmes produits des autres zones du département.

Dans la partie est de cette zone, comprenant les cantons de Saint-Hippolyte et de Maîche, on cultive moins longtemps (deux à quatre ans) ; on fume généralement bien, et l'on produit des fourrages artificiels, trèfle et esparcette : cette dernière plante donne pendant dix à douze ans des fourrages en quantité.

Les cultivateurs, dans ces cantons, ont complétement abandonné la jachère.

Si la culture est négligée dans la haute montagne, par contre les pâturages y sont en honneur. Les plantes qui y croissent, quoique fines, sont de très bonne qualité et très nutritives, très propres à élever et à nourrir pendant la belle saison une grande quantité de chevaux et de bétail ; aussi est-ce sur ce plateau que l'on trouve les meilleurs et les plus beaux chevaux et la plus belle espèce bovine du département. Il serait difficile d'utiliser plus avantageusement ces bons pâturages, et on aurait tort de vouloir modifier brusquement les habitudes du pays. C'est, du reste, ce concours de circonstances qui rend l'élevage facile et peu coûteux. Prenant là une nourriture très alibile et stimulante, respirant un air frais, pur et sain, les chevaux se fortifient sans soins, les vaches donnent du lait en abondance, et les bœufs s'y engraissent facilement sans nourriture accessoire.

Cette contrée vend beaucoup de chevaux et de bœufs aux autres parties du département, ainsi qu'à la Haute-Saône, au Jura, aux départements du nord, à l'Alsace et à la Suisse.

Elle fait aussi un commerce considérable de fromages et de bois de sapin ; mais il n'est pas dans nos vues d'entrer dans des détails sur le commerce des bois, et nous parlerons de la fabrication du fromage lorsque nous traiterons de cette industrie d'une manière générale pour tout le département.

Moyenne montagne. La moyenne montagne est délimitée par les crêtes de la seconde et de la troisième chaîne de montagnes. Elle comprend les cantons d'Amancey et d'Ornans dans l'arrondissement de Besançon, de Pierrefontaine et de Vercel dans l'arrondissement de Baume, de Pont-de-Roide et de Blamont dans l'arrondissement de Montbéliard.

Les plateaux de cette contrée, situés à 300 mètres au-dessus de la plaine et à 400 mètres au-dessous des vallons de la *haute montagne,* sont déjà beaucoup plus favorisés pour le climat que la première zone. Les sapins disparaissent pour faire place au chêne (1), au charme, au hêtre, à l'orme, au sycomore, au bouleau, à l'érable et aux essences de bois blancs ; les arbres fruitiers y deviennent communs et variés. La vigne ne s'y rencontre encore qu'exceptionnellement.

Les cultures en céréales, légumineuses, chanvre, navette, y prospèrent bien, et les prairies artificielles y prennent une grande extension.

Le sous-sol, dans cette zone, est en majeure partie argileux et calcaire. La terre arable est serrée et difficile à entamer par la charrue, quoique bien perméable aux eaux ; sa couleur est rougeâtre ou jaunâtre. Sur les coteaux, le sol est léger, graveleux ; il retient peu l'eau et

(1) Le chêne n'existe plus à 900 mètres au-dessus du niveau de la mer.

il est facilement desséché par les rayons solaires, ce qui fait qu'en certaines années peu pluvieuses ces sols produisent peu de récoltes. Quelques sols marneux s'y rencontrent aussi.

Le Doubs continue son trajet en passant à l'extrémité est de cette zone, qui est aussi arrosée et fertilisée par la Barbèche, le Cusancin et la Loue.

Superficie. La moyenne montagne a une superficie de 125,327 hectares, répartis comme suit, savoir :

Céréales et légumes.	28,280 hect.
Prairies artificielles	10,730
Prairies naturelles fauchées	24,151
Prairies naturelles pâturées	5,550
Bois	56,616
Total. . .	125,327

Le système cultural pour cette partie du département est triennal généralement ; les deux premières soles sont cultivées en céréales (blé, orge, avoine) et la troisième est occupée par le maïs, les pommes de terre et les fourrages artificiels.

On doit reprocher aux cultivateurs de cette zone de ne pas assez fumer leurs terres ; il est regrettable que beaucoup de fermiers ne comprennent pas ou ne veulent pas comprendre les bénéfices qu'il y a à ne cultiver que ce qu'on peut bien fumer et à produire de grandes quantités de fourrages.

Une manière de faire qui mérite aussi d'être critiquée, quoiqu'un revirement se manifeste déjà, c'est le système ou la pratique de l'*écobuage*. Cette pratique ruine les terres et devrait être mise de côté pour cette raison ; elle devrait tout au plus être réservée pour quelques sols compactes qui ont besoin d'être ameublis par ce procédé.

Le climat de cette zone permettant la culture des fourrages artificiels, les cultivateurs ont bien vite compris les avantages de l'élevage à l'écurie ; aussi les pâturages y diminuent-ils et la stabulation permanente est-elle employée pour une bonne partie du bétail, qui est ainsi nourri abondamment d'herbe des prairies artificielles. Ce système permet de produire, de conserver et d'utiliser les engrais avantageusement.

Il est regrettable que tous les cultivateurs n'aient pas encore compris que c'est là la richesse du fermier, que c'est là son moteur. Combien de purin perdu ! Combien de paille vendue à vil prix, plutôt que de servir à faire des fumiers !

Hélas !... les moyens de faire disparaître cet état de choses ne sont pas faciles à trouver, et, malgré les encouragements et les conseils des sociétés savantes, il est à craindre que beaucoup de fermiers ne fassent la sourde oreille encore longtemps.

Les administrations locales ont répondu à l'appel qui leur a été fait par l'administration départementale et par la société d'agriculture dans la mise en culture des terrains communaux à longs baux. L'amodiation de ces terrains, dans cette zone, est faite pour des périodes de 9, 12 et 15 années, et la culture, la fumure, en sont réglementées d'avance par des arrêtés administratifs très sévères, mais qui, malheureusement, ne sont pas toujours suivis à la lettre.

Dans la *moyenne montagne*, les terrains communaux

sont généralement maigres et peu productifs par la culture ; ils sont loin de valoir ceux de la haute montagne comme parcours, et cependant la mise en culture de ces terrains, dans cette zone, doit être conseillée et encouragée avec modération, surtout pour certaines communes ne possédant pas de pâturages particuliers.

La vaine pâture perd chaque année du terrain ; nous n'avons qu'à applaudir à une pareille transformation.

Le drainage continue d'être appliqué avantageusement à l'amélioration des terres humides ; les cultivateurs intelligents sont enfin entrés dans cette voie de progrès.

Des irrigations plus ou moins méthodiques sont aussi employées dans cette contrée, selon qu'il est possible d'utiliser les cours d'eau qui la traversent.

Cette partie du département du Doubs ne produit pas suffisamment d'animaux pour ses besoins ; les cultivateurs vont dans la haute montagne chercher des élèves de l'espèce chevaline et bovine.

Troisième zone. La plaine. La *plaine* est cette partie du département située à l'ouest de la troisième chaîne de montagnes ; elle comprend les cantons d'Audeux, de Besançon, Boussières, Marchaux et Quingey dans l'arrondissement de Besançon ; de Baume, Clerval, l'Isle-sur-le-Doubs, Rougemont et Roulans dans l'arrondissement de Baume ; d'Audincourt et Montbéliard dans l'arrondissement de Montbéliard.

Dans cette région, le climat est très favorable et permet toute espèce de culture, même celle du mûrier et du houblon. L'hiver y est peu rigoureux ; aussi l'habitant y est-il peu oisif ; sans cesse il trouve à s'occuper dans les champs, soit à la vigne qui commence à apparaître dans cette zone, soit à la culture améliorante ; car c'est là qu'elle doit surtout être encouragée et propagée avec succès.

Les forêts sont composées en majeure partie de chênes, de hêtres, de charmes, d'ormes, de bouleaux, etc., et les arbres fruitiers, nombreux et variés, produisent d'excellents fruits. Le noyer, qui était encore rare dans la deuxième zone, est commun dans celle-ci.

Le sol est argileux, ferrugineux et calcaire. Les terres y sont très fertiles, de couleur jaunâtre ou argilo-calcaires, rougeâtre ou ferrugineuses ; il s'y trouve aussi quelques terrains légers graveleux. Sur les bords du Doubs, on rencontre même d'assez grandes étendues de terrains de dépôt ou d'alluvion, dont le sous-sol est formé d'un gravier rond, poli, attestant qu'il a été transporté par les eaux, et recouvert d'une couche mince de terre arable mélangée de beaucoup de pierraille.

Cette contrée possède beaucoup de mines de fer, mais ce n'est pas notre intention d'en faire l'étude.

La *plaine* est visitée par le Doubs, qui la parcourt de l'est à l'ouest et qui reçoit, dans ce trajet, l'Allan, la Luzine, le Drugeon, le Lison et l'Ognon.

Superficie. La plaine a une superficie de 208,336 hectares, qui se répartit comme il suit :

Céréales et légumes.	65,078 hect.
Prairies artificielles	13,091
Prairies naturelles fauchées.	24,271
Prairies naturelles pâturées.	8,972
Bois.	96,924
Total. . .	208,336 hect.

Comme le tableau ci-dessus le fait voir, la culture en céréales et légumes est déjà beaucoup plus considérable que dans les deux autres parties du département. On y suit l'assolement triennal ; mais, comme pour les autres zones, les engrais sont négligés, et les prairies artificielles, trèfle, esparcette et luzerne, sont trop peu étendues relativement aux autres cultures.

On laisse encore dans cette contrée la terre improductive pendant une année, c'est-à-dire qu'on suit le système de la jachère, malgré les recommandations contraires sans cesse prodiguées aux cultivateurs.

La culture des fourrages artificiels étant en honneur, l'élevage se fait de préférence à l'écurie, ce qui permet de mieux conserver les fumiers. Dans cette zone, beaucoup de progrès se sont déjà réalisés par suite de cette manière de faire ; mais c'est aussi là que, grâce à un climat très favorable et à un sol de très bonne nature, on doit s'appliquer à la culture des fourrages artificiels et à l'emploi des instruments perfectionnés.

La plaine ne produit pas suffisamment de bétail pour ses besoins ; elle en tire des autres parties du département et de la Haute-Saône, pour les exporter ensuite, à l'âge de quatre à cinq ans, vers le nord, par les marchands flamands, comme nous le dirons plus tard.

§ II.

Système cultural.

Assolements. Comme nous l'avons dit, on ne suit, à proprement parler, pas d'assolement dans la *haute montagne ;*

tandis que dans la *moyenne montagne* et la *plaine*, on suit l'assolement triennal en faisant entrer, dans quelques localités encore, la *jachère* dans la rotation.

Dans la montagne, en fait de moyens améliorateurs, nous croyons qu'il n'est pas facile d'en implanter subitement, tellement la routine et les anciennes habitudes ont de prise chez les cultivateurs.

Cependant, il serait à souhaiter que nos fermiers comprissent bien de quelle importance est la conservation du fumier et du purin, ainsi que la diminution des pâturages, et que la connaissance de ces avantages fût mise en pratique.

Par le système pastoral, le fumier et les engrais manquent à la culture : on laisse forcément les prairies naturelles improductives pendant longtemps, et par suite le fermier est obligé de diminuer son élevage.

Ainsi, malgré les habitudes de cette région et malgré son climat froid, on peut y réaliser de grands bénéfices en substituant au système pastoral, qui est pratiqué trop en grand, le système de la stabulation pour les animaux de *produit*.

Par ce changement, on obtiendrait et on pourrait produire beaucoup plus d'engrais, et par suite renouveler plus souvent les cultures ; de là augmentation des fourrages, augmentation du bétail et du bien-être de la famille. Qu'on se rappelle donc bien cet aphorisme : *Une ferme sans bétail est une cloche sans battant* (Jacques Bujault). Car tout s'enchaîne en agriculture : sans bétail point de fumier, sans fumier point de culture lucrative et rémunératrice.

Dans la *plaine* et la *moyenne montagne*, l'agriculture est susceptible de bien plus grandes améliorations. On ne saurait trop insister auprès des cultivateurs pour qu'ils suppriment entièrement la jachère. La terre n'a pas besoin de repos, elle peut produire continuellement; il suffit pour cela de lui rendre par les engrais ce que les plantes lui enlèvent, de varier à chaque culture ces dernières, selon qu'elles se nourrissent de principes différents; car il est bien reconnu aujourd'hui que les céréales, les légumineuses, les betteraves, n'absorbent pas les mêmes principes, soit dans le sol, soit dans l'air, et tandis que les céréales sont appelées des plantes *épuisantes*, parce qu'elles vivent exclusivement du sol, les légumineuses sont appelées plantes *fertilisantes*, parce qu'elles prennent beaucoup plus de nourriture dans l'air que les premières. Ainsi, pendant qu'une plante absorbe pour végéter tel ou tel principe nutritif, la terre se régénère et prépare pour une autre plante, différant de la première par sa manière de vivre, des sucs qui serviront à sa croissance. Mais aussi ne perdons pas de vue que c'est dans les engrais, soit naturels, soit artificiels, qu'est la source de cette régénération successive, de cette fécondité perpétuelle, et qu'il ne faut pas en être avare envers la terre.

Voilà, en deux mots, la science des assolements, science qui exclut toute jachère, toute année où la terre reste improductive au détriment de la bourse du cultivateur et de la société.

Nous connaissons dans le département nombre de villages qui, en supprimant cette année de repos à la terre, ont tellement augmenté leurs produits, qu'ils ont triplé leurs récoltes de toute nature. Cette transformation a été la première cause de la prospérité et de la richesse de leurs habitants.

Les prairies artificielles et les racines fourragères occupent trop peu d'espace relativement aux céréales pour être dans les conditions d'une bonne agriculture progressive. Les cultivateurs, comme le dit M. de Tillier, pensent à leur nourriture et non à celle de leurs animaux ; cependant c'est bien dans la production des fourrages et l'élève des animaux qu'est la source de toute agriculture prospère.

On devrait, dans bien des localités, employer l'assolement alterne, appliquer la stabulation permanente à l'élève de la majeure partie de l'espèce bovine, et réserver seulement quelques terrains trop peu productifs pour des pâturages aux chevaux et au bétail jeune.

Déjà, dans les environs de Montbéliard, l'agriculture est en grand progrès; on n'y suit plus l'ancien système triennal qui comprenait une sole de jachère; on y suit ce qu'on appelle l'assolement triennal perfectionné.

Ainsi la *première sole* est en froment,

La *deuxième*, en seigle, escourgeon, orge ou avoine,

La *troisième*, en trèfle rouge, pommes de terre, betteraves, carottes à collet vert, choux , navets, vesces, minette.

C'est en 1739 qu'Antoine Bregentzer, directeur des forges d'Audincourt, introduisit pour la première fois l'esparcette dans ce pays ; il avait acheté pour 60 livres de graines en Suisse. La pomme de terre a été introduite pour la première fois par Jean Bauhin, en 1581. (*Ephé-*

mérides sur le pays de Montbéliard, par M. DUVERNOY.)

Vaine pâture. La vaine pâture s'exerçait autrefois dans les endroits où la seconde récolte était trop peu abondante pour être fauchée. Ainsi, après avoir fait les foins, d'un commun accord tout le monde envoyait pâturer ses animaux ensemble. Aujourd'hui, cette habitude a perdu beaucoup de partisans, et elle est déjà supprimée dans un grand nombre d'exploitations de la *plaine* et de la *moyenne montagne*. Nous devons cette amélioration aux efforts de la Société départementale d'agriculture, aux comices et à M. Bonnet, ancien professeur d'agriculture.

De notre temps, on ne pâture à peu près plus qu'après la seconde récolte, en septembre et octobre, et l'exercice de cette coutume est en outre réglementé dans chaque commune par des arrêtés municipaux d'après ordre préfectoral.

Labours, charrues, herses. Les labours ont éprouvé dans le département, depuis une trentaine d'années, un grand perfectionnement par suite de l'introduction des instruments aratoires améliorés. C'est surtout dans la *plaine* et la *moyenne montagne* que ce perfectionnement s'est opéré; là, la culture étant très productive, les agriculteurs ont bien vite compris l'avantage de ces instruments, tandis que dans la *haute montagne* le climat étant moins favorable, et malgré ses beaux plateaux, on n'a pas la satisfaction de signaler d'aussi grands progrès.

Cependant le courant est aux innovations; espérons que les différentes charrues, herses, scarificateurs, etc., améliorés ou inventés, remplaceront bientôt partout les anciens instruments aratoires par trop primitifs.

Combien ne rencontre-t-on pas encore d'exploitations où ces instruments sont des plus élémentaires et nullement propres à faire une bonne culture? Ainsi, la charrue est très légère, montée entièrement en bois, à part le soc et le coutre; elle porte une oreille en bois s'adaptant à volonté des deux côtés. Cette charrue, qui convient aux terres légères, ne convient plus pour les terres fortes, et ne permet pas d'exécuter des labours profonds; elle doit donc être remplacée, pour toutes les terres à sol profond, par l'araire perfectionnée.

La herse est en bois à dents en fer, quelquefois encore avec des dents en bois. Très légère, elle ne remue pas assez la terre, elle ne fait qu'en gratter un peu la surface et ne l'ameublit nullement comme on doit le faire pour une bonne culture.

Des houes à bras et quelques pioches: tels sont les seuls instruments aratoires qu'on rencontre dans la plupart des fermes.

On emploie indistinctement à la culture le cheval et le bœuf; beaucoup de propriétaires pauvres n'ont même à leur disposition qu'une ou deux vaches qui fournissent à la famille leur lait et à la culture leur travail. Le mode d'attelage suivi dans le département pour l'espèce bovine est celui avec le joug double généralement; le joug simple et le collier sont rarement employés.

On met la terre en culture par deux systèmes: 1° par l'écobuage, et 2° en tournant les herbes sous le sol après l'avoir ou non fumé.

Ecobuage. Cette opération, qui consiste à enlever une couche mince de la surface du sol et à la brûler sur place, se pratiquait beaucoup autrefois dans le pays. Cette coutume a déjà bien diminué dans la *plaine;* mais, dans la *haute* et la *moyenne montagne*, elle se conserve encore trop. Cette opération se fait avec la houe à bras ou la houe à cheval; ce dernier instrument existe dans presque toutes les exploitations importantes. L'écobuage est un moyen employé pour ameublir la terre; il fait produire beaucoup, mais il épuise le sol, et, pour cette raison, les cultivateurs qui ont à cœur le bien-être de leurs enfants devraient mettre ce genre de culture complétement de côté, ou tout au moins ne l'employer que pour certaines terres compactes, tourbeuses, couvertes de landes, de bruyères. Ce moyen rend ces terres plus perméables à l'eau, détruit les mauvaises herbes et fait produire les sols qui donneraient peu sans cela.

Engrais. On emploie dans le département exclusivement les engrais naturels; c'est par exception qu'on utilise les engrais chimiques. L'efficacité des engrais chimiques est cependant bien reconnue, et il est à désirer que nos cultivateurs les emploient davantage. Ces engrais, d'une composition excellente et bien reconnue pour la végétation des plantes, indemnisent largement l'acquéreur par leur supériorité sur les engrais naturels: dans ce nombre se trouve l'engrais de M. Cortier, de Besançon. Par contre, le sulfate de chaux ou gypse, la marne, la chaux, sont très fréquemment employés, et leur efficacité étant connue de tout le monde, nous ne nous étendrons pas plus longtemps sur leurs propriétés.

Nous devons la connaissance de l'efficacité des engrais chimiques aux travaux des Liebig, des Boussingault, des

Ville ; grâce à ce dernier, la théorie scientifique des engrais est aujourd'hui bien établie : ainsi, il a constitué une *fumure complète* en ajoutant à du sable calciné, de la chaux, une matière azotée, du phosphate de chaux et de la potasse.

Les fumiers méritent toute l'attention de nos cultivateurs ; ils doivent mettre un grand soin non-seulement à bien les conserver, mais encore à en produire le plus possible. Combien n'en perdent-ils pas en laissant se disperser le purin ? Si quelques cultivateurs possèdent une mauvaise fosse à côté du tas de fumier, pour recevoir les égouts, c'est encore la minorité ; la plus grande partie de ces engrais s'écoule sur la voie publique ou s'en va grossir les ruisseaux du village, sans profit aucun pour la terre et pour le fermier.

Combien n'y a-t-il pas à réaliser de bénéfices sans frais, en temps perdu, en soignant mieux les engrais, plutôt que de les laisser produire, par leur évaporation, des émanations miasmatiques nuisibles à l'homme et aux animaux !

Conservation des fumiers. Les fumiers, généralement placés à côté de la maison du cultivateur, reçoivent toutes les eaux pluviales, qui entraînent les principes solubles, et souvent ils subissent une trop grande fermentation, ce qui leur fait perdre de leurs qualités, par l'évaporation des principes volatils.

Plusieurs opinions sont en présence sur la manière de conserver les fumiers et sur le moment où la fermentation est assez opérée pour les enfouir dans la terre. Nous ne les discuterons pas toutes, nous nous contenterons de donner nos appréciations à ce sujet.

Nous pensons qu'une bonne manière de conserver les fumiers serait de les mettre à l'abri des eaux pluviales et de procurer une fermentation nécessaire au développement des principes nutritifs propres aux plantes. Pour cela, il suffirait, à chaque fois qu'on sort le fumier de l'écurie, de le recouvrir d'une couche de marne ou de terre glaise, ou mieux encore de le placer sous un hangar. Conservé ainsi à l'abri des eaux pluviales, pour que la fermentation puisse bien s'effectuer, il faudrait de temps en temps l'arroser avec de l'eau ou mieux avec le purin ; cependant cette fermentation ne doit pas être poussée trop loin, car les expériences de Kœrte et de Gazzeri ont démontré qu'elle lui fait perdre une partie de ses propriétés.

Fauchage. L'instrument employé dans le département pour faucher les céréales (le blé) mérite d'être tout spécialement signalé.

La faucille est remplacée chez beaucoup de cultivateurs par une faux, longue en moyenne de 82 à 83 centimètres, fixée à l'extrémité d'un manche de bois, surmontée d'un râteau à quatre dents longues à peu près comme la faux et espacées de 12 centimètres environ. Les faucheurs exercés à cet outil avancent plus qu'avec la faucille et alignent les épis et la paille tout aussi bien qu'avec la main.

Pour ramasser les épis qui restent après la mise en gerbes, on se sert d'un grand râteau en bois ayant une longueur de 1 mètre 70 centimètres à 2 mètres, et un homme fait avec cet outil beaucoup plus d'ouvrage qu'avec le petit râteau, qui est cependant aussi employé.

Machines à battre. Autrefois on se servait presque

exclusivement du fléau pour battre les céréales, tandis qu'aujourd'hui les machines à battre, mues soit avec des chevaux, soit avec la vapeur, soit avec l'eau, sont très répandues ; on peut dire qu'il en existe dans toute exploitation un peu considérable. Par là on a réalisé un progrès sensible sous le rapport de la main-d'œuvre et de la plus-value des produits. La paille est plus belle et meilleure pour la litière ; seulement les cultivateurs qui la font consommer par le bétail lui font subir une préparation : ils la coupent et la hachent au fléau, pour la rendre plus attaquable par la dent des ruminants. D'autres préparations, telles que le mélange et la fermentation avec divers produits alimentaires, seraient des procédés bien supérieurs ; mais, à mon avis, la paille devrait être exclusivement réservée pour la litière et la fabrication des fumiers. Quoiqu'on dise que la paille qui passe par la bouche des animaux ne diminue en rien la valeur de l'engrais, nous en doutons fortement.

Assainissements. — *Drainage.* Le drainage a fait opérer des progrès considérables pour l'assainissement des terrains humides dans le département. Il y a seulement quelques années, il était tout à fait élémentaire : on se contentait de faire des canaux et de les remplir de petites pierres ; aujourd'hui les propriétaires font des sacrifices pour l'acquisition de tuyaux de drainage. Les sociétés agricoles du département font de louables efforts pour l'encouragement et la propagation de ce moyen améliorateur des terres, et sont parvenues à convaincre les cultivateurs qu'on peut retirer du drainage bien conditionné des avantages immenses.

Nous possédons encore 3,491 hectares de terrains propres à être drainés, et nous engageons vivement nos cultivateurs à persévérer dans l'amélioration de leurs terres par ce procédé.

Irrigations. Il y a quelques années, les irrigations des prairies naturelles ont été l'objet de nombreuses études dans le département, de la part d'hommes voués à l'agriculture ; aussi des progrès sensibles se réalisent-ils chaque jour, de sorte qu'en ce moment, grâce à la propagation de ce système, de vastes étendues de terrains très peu productifs autrefois, fournissent de grandes quantités de très bons fourrages.

Nous avons 6,658 hectares environ de prairies naturelles irriguées : l'arrondissement de Montbéliard en possède presque autant que les trois autres. On doit citer les environs de Montbéliard pour la bonne tenue des terres et l'emploi des irrigations faites méthodiquement et avec intelligence. Ce pays est peut-être un des mieux cultivés de la France.

Si, au sujet de l'agriculture du département, nous avons fait plus de reproches que de louanges, il est juste de reconnaître que quelques propriétaires tiennent très bien leurs terres et que leurs exploitations peuvent être considérées comme des fermes modèles ; la bonne tenue de ces exploitations étant signalée et rendue éclatante à peu près chaque année par les récompenses des sociétés agricoles, nous croyons inutile, pour le moment, de redire ce qui s'y pratique, notre intention étant de nous restreindre à des faits généraux applicables chez tous les cultivateurs, aussi bien pour la petite exploitation que pour la grande.

§ III.

Influence des sociétés savantes sur le progrès agricole.

Société départementale d'agriculture. Diverses institutions départementales ont contribué puissamment à donner une impulsion favorable à l'agriculture. Nous devons mentionner en première ligne la *Société d'agriculture* créée en l'an VII, et qui n'a cessé, par ses publications, ses écrits, ses concours et ses primes, d'appeler l'attention des cultivateurs sur les réformes à apporter dans l'élevage des animaux domestiques et dans la manière de cultiver les terres.

Elle a contribué puissamment à ces progrès par l'acquisition et la vente de taureaux améliorateurs provenant surtout de la Suisse, par l'achat et la vente d'instruments aratoires perfectionnés, par l'institution d'une chaire d'agriculture, etc , etc.

Nous dirons plus loin ce que nous pensons de son action et de son influence vis-à-vis de l'agriculture et des comices. Mentionnons , avant de parler de ces derniers, la création, depuis le 1er octobre 1869, d'une ferme-école dans le département, ensuite de sollicitations réitérées de la part de la Société d'agriculture.

S. Exc. M. Gressier, ministre de l'agriculture et du commerce, par arrêté en date du 16 avril 1869, a autorisé la création d'une ferme-école sur le domaine de la Roche, territoire de Rigney (Doubs), appartenant à M. le commandant d'artillerie en retraite Faucompré.

Comices agricoles. Ces sociétés sont au nombre de 14

dans le département; nous allons les citer par rang de création et dire un mot de leur influence sur le progrès agricole.

A. *Arrondissement de Besançon*. L'arrondissement de Besançon compte cinq comices, savoir :

1° Celui de *Busy*, comprenant les cantons de Besançon, Boussières et Quingey.

Le premier de création dans le Doubs, ce comice a puissamment contribué aux progrès agricoles, et s'occupe sérieusement de sa mission sous l'habile direction de son président.

Il a favorisé l'amélioration du bétail par l'achat de taureaux améliorateurs de provenance suisse (race Schwitz) et de génisses de la même race ; à l'amélioration de la culture, en accordant des primes pour le drainage et les cultures fourragères.

2° Celui d'*Ornans*, comprenant un canton.

3° Celui d'*Amancey*, comprenant un canton.

Les deux cantons précédents ne formaient autrefois qu'un seul comice.

4° Celui de *Marchaux*. Ce comice mérite des louanges, car il encourage par des primes la conservation de la race fémeline, et à ce titre a droit à notre reconnaissance, car la race fémeline mérite l'attention du cultivateur pour ses dispositions à l'engraissement et à la lactation.

5° Celui d'*Audeux*. Ce canton, qui forme aujourd'hui un comice, est resté longtemps sans être compris dans aucune circonscription.

B. *Arrondissement de Baume*. L'arrondissement de Baume compte cinq comices :

1° Celui de *Baume*, comprenant un seul canton. Il suit une voie digne d'être signalée, par la propagation du drainage et l'augmentation des taureaux reproducteurs.

2° Celui de *Bouclans*, fondé en 1838, fait des efforts pour l'amélioration de la race bovine par l'importation de taureaux de Seignelegier (Suisse). Nous croyons que l'amélioration par la race Schwitz serait préférable.

3° Celui de *Vercel*, fondé en 1837, comprend les cantons de Vercel et de Pierrefontaine ; ce comice encourage l'élevage de la race fémeline. Placé près de la Suisse, il pourrait aussi avantageusement encourager l'amélioration par les races de ce pays.

4° Celui de *Rougemont*, fondé en 1851, compte un canton ; il devrait, dit-on, modifier son programme dans un sens plus en rapport avec les besoins du pays.

Et 5° celui de *Rang*, fondé en 1853, comprend les cantons de l'Isle-sur-le-Doubs et de Clerval.

C. *Arrondissement de Montbéliard.* L'arrondissement de Montbéliard a deux comices :

1° Celui de *Saint-Hippolyte*, comprenant les cantons de Maîche, Saint-Hippolyte et Pont-de-Roide ; ce comice s'est contenté pendant longtemps d'encourager l'élève ; aujourd'hui il semble vouloir étendre son action à la tenue des fermes et des cultures.

2° Celui de *Montbéliard*, comprenant les cantons de Montbéliard, Audincourt et Blamont, contribue avec intelligence au perfectionnement et à l'amélioration de l'élève et de la culture.

D. *Arrondissement de Pontarlier.* L'arrondissement de Pontarlier compte deux comices :

1° Celui de *Pontarlier*, comprenant les cantons de Levier, Montbenoît, Mouthe et Pontarlier. Placé dans un pays où la culture est en retard, il a beaucoup à faire sous ce point de vue; malheureusement, il n'a que de faibles sommes à consacrer aux encouragements, et son influence se trouve limitée malgré ses bonnes intentions.

2° Celui de *Morteau*, comprenant les cantons du Russey et de Morteau. Il a fait faire des progrès réels à l'agriculture de ce pays, en encourageant la mise en culture des pâturages et en essayant de substituer la stabulation du bétail au système pastoral. La culture de l'esparcette, de la betterave, autrefois inconnue dans ce pays, y prend de l'extension.

Professorats cantonaux. Si, comme nous le dirons plus loin, quelques cultivateurs se tiennent au courant de tout ce qui paraît de nouveau en agriculture et cherchent à s'instruire sur leur industrie, c'est évidemment encore l'exception; nous pensons donc qu'un enseignement agricole professé presque à domicile serait un moyen très utile de répandre cette science.

Déjà M. le ministre de l'instruction publique Duruy a prescrit l'enseignement agricole dans les écoles primaires, qui ne s'oppose pas à celui que nous avons en vue; au contraire, il est un acheminement à une science agricole plus complète, plus pratique, que nous voudrions voir établir et dont les enseignements s'adresseraient à des hommes mûrs. Après avoir acquis dans les écoles primaires une teinte d'instruction agricole, l'enfant, s'il ne continue pas ses études, oublie en peu de temps ce qu'il a appris; si un ou plusieurs professorats existaient dans chaque canton, pour continuer et perfectionner ces premières notions acquises dans la jeunesse, on arriverait beaucoup plus sûrement au but qu'on se propose.

Les professeurs seraient choisis ou nommés à la suite d'un concours ; ils recevraient un traitement fixe en rapport avec l'importance de la charge qui leur incomberait, et seraient tenus de donner un nombre de leçons déterminé dans une certaine circonscription cantonale. Ces professeurs seraient faciles à trouver : dans chaque canton, il existe des hommes capables de donner et de faire cet enseignement et dont le dévouement à l'agriculture ne saurait être mis en doute. Comme le dit M. Berger, notre vénéré et instruit confrère, il suffirait de modifier l'enseignement dans les écoles vétérinaires et de les transformer en instituts agricoles vétérinaires, et on aurait dans toutes les campagnes des professeurs d'agriculture en même temps que des thérapeutistes.

Les vétérinaires sont d'autant plus à même de répandre cette science comme professeurs, qu'ils sont constamment en contact avec les exploitants, les cultivateurs, et que tout ce qui n'aurait pas été compris à une leçon pourrait être commenté à la ferme en commun.

Si le projet que nous venons d'esquisser était pris en sérieuse considération par le gouvernement, nous avons la conviction qu'il rendrait un service marqué à l'agriculture, et que ces professeurs seraient de puissants auxiliaires pour les professeurs départementaux.

§ II.

Plantes qui croissent le plus communément dans les prairies naturelles du département.

Nous empruntons cette partie de notre travail à un Mémoire de M. Bataillard, greffier de paix à Audeux, tout en lui faisant subir cependant quelques changements.

Famille des graminées.

Genre *agrostis*. Espèce agrostis traçante (*agrostis stolonifera*) croît sur les terrains secs et élevés, et fournit un bon pâturage.

Esp. agrostis vulgaire (*agrostis vulgaris*), recherchée du bétail, croît dans les prés ombragés et irrigués.

Esp. agrostis d'Amérique (*agrostis mexicana*) produit un foin de bonne qualité sur les terrains argileux et humides.

Esp. agrostis des chiens (*agrostis canina*) donne une herbe savoureuse et fine, croît dans les terrains humides et secs.

Genre *phalaris*. Esp. alpiste roseau (*phalaris arundinacea*) produit un très bon foin, très recherché du bétail, croît dans les terres glaises et sablonneuses humides.

Esp. alpiste des Canaries et alpiste rongé, fournissent de petites plantes, mais recherchées par le bétail.

Genre *asprella*. Esp. asprelle faux riz (*asprella oryzoïdes*).

Genre *avena*. Les esp. avoine élevée, avoine des prés, avoine jaunâtre, avoine pubescente, produisent de bons fourrages.

Genre *bromus*. Esp. brome des prés (*bromus pratensis*) croît abondamment et fournit un fourrage de bonne qualité.

Esp. brome inerte (*bromus inermis*), esp. brome rude (*bromus asper*), brome stérile (*bromus sterilis*), brome des toits (*bromus tectorum*), croi-sent en petite quantité et donnent un fourrage de médiocre qualité. Nous avons encore le brome des champs (*bromus arvensis*), le brome seiglin (*bromus secalinus*), le brome mou (*bromus mollis*), le brome échangé (*bromus commutatus*), le brome en grappe (*bromus racemosus*), qui croissent sur les lieux élevés, secs, argileux et sablonneux.

Genre *briza*. Esp. brise tremblante (*briza media*); elle aime les terrains sablo-argileux et donne un foin succulent et savoureux.

Genre *aira*. Esp. canche flexueuse (*aira flexuosa*), canche cespiteuse (*aira cæspitosa*). Ce sont des plantes des pâturages, la première des lieux frais, et la seconde des lieux secs.

Genre *catabrosa*. Esp. catabrose aquatique (*catabrosa aquatica*) croît dans les lieux marécageux et donne un fourrage succulent, tendre et agréable au bétail.

Genre *coracan*. Esp. coracan, plante annuelle qui atteint jusqu'à 1 m. 50.

Genre *cynosurus*. Esp. crételle des prés (*cynosurus cristatus*); elle croît dans tous les terrains et concourt utile-ment à la formation des prairies fertiles à sol argilo-calcaire. Sa présence indique des prés favorables à l'hygiène du bétail.

Genre *dactylis*. Esp. dactyle pelotonné (*dactylis glomerata*) croît dans les terrains frais et argilo-sablonneux ; ce n'est pas une très bonne plante, elle durcit vite.

Genre *festuca*. Esp. fétuque des brebis (*festuca ovina*), 2° fétuque durette (*festuca duriuscula*), 3° fétuque rouge (*festuca rubra*), plantes qui croissent dans les pâturages les plus ingrats, sablonneux et secs et y forment de bons pâturages, 4° fétuque hétérophylle (*festuca heterophylla*), 5° fétuque fausse ivraie (*festuca loliacea*), 6° fétuque des prés (*festuca pratensis*), 7° fétuque élevée (*festuca elatior*), croissent dans les lieux bas et humides, et fournissent une grande quantité de fourrages de bonne qualité.

Genre *phleum*. Esp. fléole des prés (*phleum pratensis*) croît dans les lieux bas et humides, et donne un fourrage abondant et de bonne qualité.

Esp. fléole noueuse; celle-ci est moins productive que la précédente.

Genre *anthoxanthum*. Esp. flouve odorante (*anthoxanthum odoratum*) croît dans les prairies , et son parfum donne de la qualité au fourrage.

Genre *glyceria*. Esp. glycérie aquatique (*glyceria aquatica*) croît dans les prés humides et donne un fourrage très nutritif, et contenant beaucoup de matières sucrées.

Esp. glycérie flottante (*glyceria fluitans*), glycérie distante (*glyceria distans*), glycérie maritime (*glyceria maritima*), croissent dans les lieux humides et sont recherchées par le bétail.

Genre *holcus*. Esp. houlque laineuse (*holcus lanatus*)

est une plante précieuse pour les prés et les pâturages ; elle croît dans les lieux frais et humides des cantons d'Audeux, Baume, Clerval et l'Isle.

Esp. houlque molle (*holcus mollis*) ne donne pas un aussi bon fourrage que la précédente.

Genre *lolium.* Esp. ivraie Rieffel, ivraie multiflore, ivraie Bailly, croissent dans les terrains les plus pauvres et rendent des services pour cela.

Genre *melica.* Esp. mélique élevée (*melica altissima*) croît dans les terrains peu fertiles ; sa tige s'élève jusqu'à un mètre ; elle est originaire de Sibérie.

Esp. mélique ciliée (*melica ciliata*) croît sur les terrains pierreux et arides.

Genre *hordea.* Esp. orge des souris, est très commune sur le bord des chemins.

Genre *panicum.* Esp. panic élevé (*panicum maximum*), plante d'une forte végétation.

Genre *poa.* Esp. pâturin des prés (*poa pratensis*), produit un fourrage recherché par les bestiaux.

Esp. pâturin annuel (*poa annua*), pâturin des Alpes (*poa alpina*), pâturin des bois (*poa nemoralis*), pâturin fertile (*poa fertilis*), pâturin commun (*poa trivialis*), forment le fond des meilleures prairies et donnent un foin très nutritif.

Genre *alopecurus.* Esp. vulpin des prés (*alopecurus pratensis*), affectionne les terres fraîches ; son foin est très nutritif et d'un goût agréable.

Esp. vulpin genouillé (*alopecurus geniculatus*), et le vulpin des champs, donnent aussi de bons fourrages et sont peu exigeants pour le terrain.

Nous ajouterons, pour terminer cette famille, que l'on sème quelquefois le froment, l'orge, le seigle, l'avoine, le sorgho, pour être fauchés en herbe et servir de nourriture au bétail.

Plantes fourragères et autres de diverses familles.

Genre *achillœa*. Esp. achillée mille-feuille (*achillœa millefolium*) donne une plante agréable, étant jeune, comme fourrage.

Genre *absinthium*, renferme plusieurs espèces toniques et fébrifuges, nulles comme fourrage.

Genre *agrimonia*. Esp. aigremoine *eupatoria*, donne un mauvais fourrage.

Genre *ulex*. Esp. ajonc marin (*ulex europea*), arbuste épineux qui donne une nourriture substantielle lorsqu'on a écrasé ses piquants.

Genre *artemisia*. L'armoise renferme de nombreuses espèces non alimentaires.

Genre *belladona*. Esp. belladone officinale, plante vénéneuse.

Genre *geum*. Esp. benoîte officinale (*geum urbanum*), plante mangée par les chevaux, les bœufs et les moutons, qui en sont très friands.

Genre *boraga*. Esp. bourrache sauvage, croît abondamment, et est plutôt nuisible qu'utile au fourrage.

Genre *anchusa*. Buglosse. Ce genre renferme plusieurs espèces peu alimentaires.

Genre *ononis*. Esp. bugrane des champs ou arrête-bœuf (*ononis arvensis*), plante peu utile comme fourragère.

Genre *centaurea*. Centaurées, espèces nombreuses et peu alimentaires.

Genre *cichorium*. Esp. chicorée sauvage et à grosse racine, fournissent un fourrage des plus précoces.

Genre *brassica*. Choux. Les différentes variétés de choux méritent d'être plus cultivées qu'elles ne le sont pour la nourriture du bétail.

Genre *cicuta*. Ciguë, plante vénéneuse.

Genre *colchicum*. Esp. colchique d'automne (*colchicum autumnale*), plante trop répandue et nuisible aux fourrages.

Genre *symphytum*. Esp. consoude officinale, plante non fourragère.

Genre *papaver*. Coquelicot, renferme plusieurs espèces nuisibles aux fourrages et aux récoltes.

Genre *sisymbrium*. Cresson, plante stimulante, non fourragère.

Genre *cuminum* (cumin). Ce genre renferme trois espèces. Elles croissent abondamment et doivent être fauchées jeunes.

Genre *digitalis* (digitale), plante médicinale.

Genre *euphorbia* (euphorbe), plantes nombreuses et nuisibles le plus souvent aux animaux.

Genre *chelidonium* (chélidoine), plantes âcres, non alimentaires.

Genre *faba*. Esp. féverole commune et de cheval (*faba vulgaris et equina*), conviennent aux terres argileuses; elles plaisent au bétail quand elles sont vertes. Il existe aussi une féverole d'hiver, plus robuste que les précédentes. Les fanes de féverole sont un excellent fourrage pour les vaches.

Genre *filices* (fougères), composé de plusieurs espèces. Plantes médicinales.

Genre *fumaria* (fumeterre), plante peu fourragère et très commune.

Genre *gentiana* (gentiane) renferme plusieurs espèces qui viennent sur les montagnes et ne sont pas fourragères.

Genre *gallium* (galliet) renferme de nombreuses espèces qui ne sont alimentaires qu'étant jeunes.

Genre *lathyrus* (gesse). Ce genre renferme plusieurs espèces cultivées : la gessette, petite gesse, jarousse (*lathyrus cicera*), réussit sur les mauvais terrains et donne un bon fourrage.

Genre *gladiolus*, glaïeul ou iris d'eau, plante vivace, nulle comme fourrage.

Genre *gratiola*. Esp. gratiole officinale, croît dans les lieux humides.

Genre *imperatoria* (impératoire), plante aromatique qui croît dans les lieux ombragés, au pied des montagnes.

Genre *ervum* (lentille). La jarousse, ou lentille d'Auvergne (*ervum monanthos*), vient sur les mauvais terrains et donne un bon fourrage.

Genre *nepeta*. Esp. lierre terrestre, ou rondette ; plante médicinale.

Genre *lotus* (lotier). Il existe plusieurs espèces qui donnent une bonne composition aux prairies naturelles.

Genre *lupinus* (lupin). Le blanc et le jaune réussissent sur tous les terrains, et leur fourrage plaît au bétail.

Genre *medicago* (luzerne). Les espèces *sativa* et *lupulina* forment la base des prairies artificielles et donnent un très bon fourrage ; les espèces *falcata* et *media* sont peu connues dans le département.

Genre *bellis* (marguerite) donne un fourrage de peu de valeur.

Genre *maruba* (marube) croît partout, jouit de propriétés toniques.

Genre *melilotus* (mélilot) renferme plusieurs espèces qui donnent un fourrage abondant et pouvant remplacer le trèfle.

Genre *hypericum*. Le mille-pertuis est très commun dans les lieux herbeux et découverts. Il a une odeur résineuse et une saveur amère ; il est repoussé du bétail.

Genre *verbascum*. Esp. molène ou bouillon-blanc, plante médicinale.

Genre *convallaria*. Esp. muguet, plante nulle comme fourrage.

Genre *narcissus*. Esp. narcisse blanc simple ; sa valeur est nulle à peu près comme fourrage.

Genre *brassica*. Esp. navette. On sème quelquefois la navette après le blé, pour la donner en vert.

Genre *origanum* (origan), plantes toniques qui viennent dans les bois et dans les haies.

Genre *orchis*. Esp. orchis mâle, croît dans les prés et les bois, jouit de propriétés nutritives.

Genre *isatis*. Esp. pastel des teinturiers, croît dans tous les terrains et donne un fourrage printanier.

Genre *parietaria* (pariétaire). Ce genre renferme plusieurs espèces, dont une est médicinale.

Genre *rumex* (patience) renferme plusieurs espèces qui croissent dans les pâturages.

Genre *persicaria* (persicaire) croît dans les lieux aquatiques.

Genre *vinca*. Esp. pervenches, grande et petite; croissent dans les bois; elles sont amères et astringentes.

Genre *sanguisorba* (pimprenelle), plante qui aime le calcaire et ne craint ni le froid ni la sécheresse. Elle donne un bon pâturage.

Genre *peonia* (pivoine), plante remarquable par ses fleurs.

Genre *plantago* (plantain). Les plantains croissent partout et donnent un fourrage de peu de valeur.

Genre *pisum* (pois). Esp. *arvense;* l'espèce dite blanc et le quarantain donnent une assez grande quantité de fourrage.

Genre *equisetum* (prêle). Ce genre renferme plusieurs espèces qui viennent dans les lieux humides et donnent un fourrage nuisible à la santé du bétail.

Genre *primula*. Esp. primevère officinale, plante herbacée qui est broutée par les moutons.

Genre *ranonculus* (renoncules). Ce genre se compose d'une foule d'espèces renfermant presque toutes un principe âcre et vénéneux; aussi donnent-elles un fourrage de peu de qualité.

Genre *hedysarum* (sainfoin). C'est une des meilleures plantes pour prairies artificielles; elle est très productive et ne gonfle ou ne météorise pas le bétail.

Genre *tragopogon*. Esp. salsifis des prés; elle croît dans les prés et est recherchée par le bétail quand elle est verte.

Genre *saponaria*. Esp. saponaire officinale, végète sur

le bord des champs et des rivières ; elle est employée pour le lavage du linge.

Genre *scabiosa* (scabieuse), se compose de plusieurs espèces peu importantes.

Genre *saxifraga* (saxifrage), renferme bien des espèces de peu de valeur comme fourrage.

Genre *senecio* (seneçon), se compose d'une multitude d'espèces nuisibles à l'agriculture.

Genre *thymus* (serpolet), croît dans les prés secs.

Genre *ornithopus*. Esp. *ornithopus sativa* (serradelle), nous vient du Portugal, croît dans les lieux siliceux et donne d'abondants produits.

Genre *calendula* (souci), croît dans les jardins et les champs.

Genre *spergula* (spergule). Les espèces ordinaire et géante donnent une très bonne nourriture aux vaches laitières.

Genre *tanasetum* (tanaisie), plante médicinale et vermifuge.

Genre *trifolium*. Esp. trèfle rouge ou de Hollande, plante annuelle qui forme souvent à elle seule la base des prairies artificielles.

Les espèces blanc (*T. repens*), élégant (*T. elegans*), fraise (*T. fragiferum*), hybride (*T. hybridum*), incarnat (*T. incarnatum*), donnent toutes des fourrages de bonne qualité, et surtout la dernière espèce.

Genre *tussilago*. Esp. tussilage, pas-d'âne ; croît dans les terrains argileux et humides.

Genre *valeriana* (valériane) renferme des espèces dont une est médicinale.

Genre *veronica* (véronique) se compose d'environ 160 espèces peu importantes comme fourrage.

Genre *verbena* (verveine), plante peu importante ; autrefois c'était une plante vénérée comme le gui et le sélago.

Genre *vesca* (vesce). On la cultive quelquefois pour être fauchée en herbe ; les espèces multiflore, des haies, velue d'hiver, sont recherchées par le bétail.

Plantes à racines fourragères.

Genre *betta* (betterave). Il renferme 24 variétés : 1° la betterave disette ou champêtre, 2° la betterave rouge, grosse ou écarlate, 3° la betterave globe jaune, très productive, 4° la betterave de Sibérie ou à sucre, 5° la betterave jaune grosse, la plus avantageuse pour la nourriture du bétail ; elles conviennent parfaitement aux vaches laitières.

Genre *carotta*. Carotte : 1° la carotte blanche à collet vert, 2° la C. rouge, longue ou rouge de Flandre, 3° la C. rouge pâle de Flandre, 4° la C. jaune d'Achicourt ou jaune longue, 5° la C. blanche des Vosges, convient aux sols peu profonds.

Genre *chou-rave*. Le chou-rave se cultive comme le rutabaga ; il est très rustique.

Genre *navet*, renferme beaucoup de variétés ; elles donnent au lait une saveur désagréable.

Genre *panais*. Il exige une terre profonde et donne un produit à peu près analogue à la carotte ; il vaut mieux pour l'engraissement.

Genre *pomme de terre*. Les principales variétés sont : 1° la truffe d'août, 2° la schaw ou chave, pomme de terre jaune ronde, 3° la brugeoise, qui est peut-être la plus productive, 4° les patraques jaunes et rouges, convenant aux terrains humides, 5° la Hollande jaune, peau fine, tubercule allongé, 6° la Hollande rouge, ou cornichon rouge, très farineuse, 7° la vitelotte allongée et cylindrique, ces trois dernières espèces conviennent bien pour la table, 8° P. chardon, 9° P. Rohan, 10° P. infernale, ces trois variétés ont des tubercules très gros, 11° anglaises pour châssis, barichone, Bonaparte, Bourbon-Lancy, Chandernager, châtaigne de Sainville, comice d'Amiens, coquette de Barbouville, de Sainte-Hélène, de Vigny, Garant, Kidency, Marjolin, Parkès, Parmentier, Rostoville, Roville, régent précoce, rugueuse, sommelière, Segonzac ou de Saint-Jean, Taylor, violette de Sanillis, etc.

Genre *raphanus*. Esp. raifort champêtre, se cultive comme les raves et les turneps.

Genre *rutabaga* ou chou - navet de Suède, aime les terres argilo-siliceuses, les sols couverts de bruyères et d'ajoncs, qui sont ordinairement arides et peu profonds.

Genre *rapa*, rave. Sa culture demande un climat humide ou brumeux ; tous les terrains sont bons, excepté les terrains argilo-calcaires à l'excès. Les meilleures variétés de raves et de navets sont : le turneps hâtif de Hollande, le navet blanc plat hâtif, la rave d'Auvergne hâtive, la rave du Limousin, le navet de Norfolk rouge, le navet globe, le navet jaune d'Ecosse, le navet boule d'or.

Le topinambour est cultivé comme la pomme de terre, et peut rendre de grands services ; ses tubercules pouvant rester en terre l'hiver, on a la facilité de ne les extraire qu'au fur et à mesure de la consommation.

CHAPITRE II.

DU CHEVAL.

§ Ier.

Historique et origine.

La Franche-Comté, comme tant d'autres provinces, possédait jadis une race chevaline parfaitement uniforme et bien caractérisée, appelée race *Comtoise*.

Le silence des auteurs anciens sur toute autre race propre à cette province fait supposer qu'ils ignoraient l'existence, dans le département du Doubs, d'une race bien déterminée et aussi remarquable que celle-là, connue dans le pays sous la dénomination de Delémont, Vaudette. Prétendrait-on par cette désignation indiquer que ces chevaux sont originaires du pays de Delémont (Suisse)? c'est ce que nous ne pouvons éclaircir. Quoi qu'il en soit, l'ancienne Séquanie était déjà réputée pour les bons chevaux qu'elle fournissait aux Gaulois, ainsi qu'aux conquérants germains ou romains. La déesse des chevaux, Epona, avait donné son nom à l'antique Mandeure, près de Montbéliard, qu'on désignait alors sous le nom d'*Epomanduodurum*.

Depuis trente ans environ, la Comté a subi, pour ses chevaux, le sort de toutes les autres parties de l'empire, c'est-à-dire qu'une transformation tellement complète s'est opérée, qu'aujourd'hui, en voyant nos chevaux, les hippologues seraient fort embarrassés pour reconnaître à leurs signes extérieurs l'ancienne race comtoise et celle de Delémont.

Le cheval n'est certes pas sorti de la main du Créateur aussi approprié, aussi perfectionné et aussi varié de formes qu'aujourd'hui. Uniforme et partout semblable, aux temps primitifs, il a, à une époque qu'on ne saurait préciser,

> Lorsque le genre humain de glands se contentait,
> Ane, cheval et mule aux forêts habitait,

éprouvé des transformations répondant aux besoins et aux caprices de l'homme.

Que de races et de variétés se sont créées depuis! Celui qui l'a dompté le reconnaîtrait difficilement maintenant, et cependant, malgré ces changements, n'a-t-il pas été de tout temps l'orgueil de ceux qui lui ont tenu la promesse faite par le premier qui l'utilisa :

> Je vois trop quel est votre usage!
> Demeurez donc : vous serez bien traité
> Et jusqu'au ventre en la litière.

Matière ductile et malléable, le cheval a subi les caprices des hommes à toutes les époques. Au fur et à mesure que ses besoins, ses mœurs et ses habitudes ont changé, l'homme en a fait supporter les conséquences aux choses et aux animaux dont il se sert. Ainsi le cheval a été pressé, comprimé, étiré à sa guise, selon les exigences de la société, et comme chaque chose est périssable, on pourrait dire que les races ont disparu avec les hommes qui les ont créées.

Le cheval, instrument de civilisation, indique, par sa plus ou moins bonne appropriation aux besoins de l'homme, le degré de perfectionnement des peuples. S'il s'est prêté aux nécessités de chaque époque, voyons si ce que nous possédions autrefois peut encore nous convenir avec nos besoins actuels, et jugeons de ce que nous avons à faire.

A chaque âge chaque chose !

Dans l'enfance des sociétés, alors que tout était réduit à sa plus simple expression, le cheval était utilisé seulement comme cheval de selle, et le type que nous retrouvons dans le cheval arabe existait seul.

Plus tard, quand les peuples se mirent à guerroyer entre eux, les cavaliers étant lourds et chargés d'armures, les chemins presque nuls, le cheval se développa. Les Gaulois montaient un cheval fort grand, vigoureux : le destrier, le roussin, etc.

La découverte du moine d'Erfurth (1) amena bientôt une révolution dans l'élevage du cheval. Le cavalier ayant transformé son armure, le cheval, de lourd et fort, devint plus léger.

Par suite du goût pour les voyages en voiture, et primitivement ces véhicules étant lourds, massifs, et les voies de communication peu praticables, une nécessité survint et exigea la production du cheval fort et volumineux.

La civilisation augmentant, les voies de communica-

____

(1) Inventeur de la poudre.

tion se perfectionnèrent, des chemins s'établirent entre chaque contrée, chaque province, chaque village ; le cheval put devenir plus léger, et l'on produisit des chevaux de diligence, de roulage. Mais les routes ne se perfectionnèrent pas toutes en même temps, et la jeunesse brillante et riche ne cessa pas en même temps de monter le cheval. Par conséquent, le cheval d'attelage et le cheval de selle se partagèrent les besoins de la société.

A une époque très rapprochée de nous, le perfectionnement des routes et l'extension du commerce firent que le cheval de carrosse, de diligence et de roulage, devenant la nécessité du moment, il fut produit en grande quantité, et on négligea tellement l'élevage du cheval de sang, que l'Etat, craignant d'éprouver des difficultés pour remonter son armée, patronna l'élevage du cheval de selle par différents moyens qui ont plus ou moins bien réussi. Telle fut la création des haras impériaux, départementaux et particuliers

De nos jours, vu l'extension des voies ferrées qui sillonnent l'Europe dans tous les sens, le cheval doit éprouver encore une transformation. Le cheval de selle ou pur sang est un caprice et une fantaisie plutôt qu'une nécessité. Le cheval de carrosse, qui peut être monté et servir à l'armée, et le cheval de trait, tels sont, selon moi, les besoins du moment, et c'est dans leur production que l'éleveur doit trouver des bénéfices.

Il nous faut des chevaux qui, dans le bas âge, puissent travailler avantageusement à l'agriculture, et qui, une fois faits, trouvent un placement facile.

Des hippologues ont voulu faire remonter l'origine des

chevaux à deux souches distinctes : les uns, de provenance méridionale et dont le cheval arabe forme le type, seraient les chevaux de pur sang ; les autres, sortis des bords de la mer du Nord, auraient pour types le boulonnais et le percheron et seraient les chevaux de trait. Mais il est évident que les chevaux ont une origine commune, et que c'est aux besoins de la société que l'on doit les différences existantes. Là le cheval de selle, agrandi par la sélection, la nourriture et la nécessité, est devenu le cheval de carrosse ; ailleurs, un climat plus humide, une nourriture plus substantielle, plus abondante, des accouplements bien réglés, ont fait le cheval de trait. Par conséquent, l'ancienne race comtoise, appartenant à la catégorie des chevaux de trait, n'était qu'une création humaine plus ou moins appropriée aux besoins du pays ; sa transformation ne s'est si complétement opérée, sous l'influence des agents employés à la modifier, que parce que cette race était tout artificielle.

Tandis qu'on peut comparer le cheval pur sang au madrier en cœur de chêne, le cheval commun ou de trait doit être comparé à une poutre de bois blanc. Le premier résiste aux mauvaises influences en raison de sa densité ; le second offre prise par tous les pores aux agents extérieurs, à toutes les causes de dissolution qui pèsent sur la machine vivante. C'est pourquoi le cheval de trait est boulonnais dans le Nord, percheron dans le Perche, comtois en Franche-Comté, c'est-à-dire qu'il faudrait, pour qu'il puisse se conserver tel, d'abord mettre le sol et ses produits en rapport avec ses habitudes, son genre de vie. Par contre, le cheval de sang se reproduit toujours avec ses caractères distinctifs de qualité et de bonté partout où on l'exporte. N'est-ce pas ce qui se remarque même en notre pays, sans qu'on ait tenu compte dans les croisements d'aucun principe de sélection? Ce qui prouve bien que le cheval type est le cheval d'Orient, et que c'est dans ce pays qu'il faut rechercher l'origine de toutes nos races.

§ II.

Statistique des chevaux du département.

Pour bien faire comprendre le progrès ou la décadence de l'élève du cheval dans notre département, je crois que le moyen le plus facile et le plus instructif est de reproduire le recensement fait à différentes époques, ce qui nous donnera des points de comparaison d'où nous pourrons tirer des déductions plus ou moins utiles à l'industrie chevaline.

En 1823, le département possédait 16,745 têtes, réparties comme suit :

1re zone. Arrondissement de Pontarlier, cantons du Russey, de Maîche et de Saint-Hippolyte . . . . 6,835 têtes.

2e zone. Cantons d'Amancey, Ornans, Vercel, Pierrefontaine, Pont-de-Roide et Blamont 3,556

3e zone. Cantons de Besançon, Audeux, Boussières, Marchaux, Quingey, Baume, Rougemont, Roulans, l'Isle-sur-le-Doubs, Clerval, Montbéliard, Audincourt . . . 6,354

Total. 16.745

En 1828, notre population chevaline s'élevait à 26,090 chevaux, répartis ainsi entre les arrondissements :

	ARRONDISSEMENTS.				
	Besançon.	Baume	Montbéliard.	Pontarlier.	TOTAL.
Chevaux de tout âge	2,805	2,334	5,369	3,280	13,788
Juments et pouliches de tout âge	1,860	2,989	4,609	2,844	12,302
Total.	4,665	5,323	9,978	6,124	26,090
Sujets nés en 1828 (mâles . .	218	361	591	354	1,524
(femelles .	190	293	415	289	1,187
Total.	408	654	1,006	643	2,711

Nous doutons que la statistique de 1828 soit bien l'expression de l'exacte situation, car nous retombons peu de temps après, en 1836, au chiffre total de 19,563 chevaux, pour nous élever, en 1852, à un total de 23,241.

Nous avons donc eu dans une période de trente années des oscillations assez grandes. Ainsi, de 1823 à 1828, nous remarquons une augmentation de 10,345 chevaux dans la période de cinq années.

De 1828 à 1836, nous subissons une décroissance de

6,527 chevaux pendant cette période de huit années, malgré l'état prospère jusqu'en 1828.

De 1836 à 1852, le recensement accuse une augmentation de 3,678 chevaux pendant la période de quinze années ; mais, vis-à-vis de l'année 1828, nous avons encore une moins-value de 3,849 chevaux.

Statistique détaillée par arrondissements, en 1852.

Arrondissements.	Chevaux entiers.	Juments.	Chevaux hongres.	Poulains, pouliches.	Total.
Besançon. . .	88	1,756	2,531	820	5,195
Montbéliard .	91	3,397	1,586	1,890	6,964
Baume	62	2,812	1,833	1,573	6,280
Pontarlier . .	32	2,065	1,688	1,017	4,802
	273	10,030	7,638	5,300	23,241

De 1853 à 1863, nous constatons un état à peu près stationnaire ; pendant cette période de dix années, nous n'avons qu'une oscillation de 1,000 chevaux à peu près.

En 1853, la statistique donne un chiffre de 19,096 chevaux.

En 1858, nous descendons au chiffre de 17,906, pour remonter en 1862 au chiffre de 18,501.

Statistique de 1862 pour le département.

Chevaux et poulains.	Juments et pouliches.	Total.
8,547	9,954	18,501

Nous avons donc de 1852 à 1862 une diminution de 4,740 chevaux pendant la période de ces dix années, ou, pour être plus exact, cette diminution d'après les relevés se serait opérée depuis le recensement de 1852 à celui de 1857 à peu près.

De 1862 au recensement de 1866, nous éprouvons la satisfaction de voir augmenter la production chevaline ; à cette dernière date, nous possédions 21,478 chevaux, c'est-à-dire une plus-value de 2,971 en quatre ans.

Notre industrie chevaline, quoique n'ayant pas fait de grands progrès en nombre depuis cinquante ans, est cependant en voie d'accroissement depuis une quinzaine d'années.

Cet accroissement ne se fait pas seulement dans notre département, mais il s'opère aussi dans toute la France. Ainsi, nous possédions en 1812, 2.285,310 chevaux; après avoir prospéré insensiblement chaque année, nous sommes arrivés aujourd'hui au chiffre de :

> 3,313,232 chevaux.
> 545,243 espèce mulassière.
> 518,837 espèce asine.
> ______________
> Total.   .   4,377,312

Nous voyons donc que, malgré l'extension des chemins de fer en France, l'industrie chevaline a tellement prospéré qu'elle a doublé depuis cinquante ans.

Valeur totale de notre espèce chevaline. Notre département possède environ :

200 chevaux entiers estimés à 900 fr. chacun,			180,000 fr.
10,000 juments	500	—	5,500,000
6,000 chevaux hongres	550	—	3,300,000
5,000 poulains et pouliches	130	—	650,000
21,200 chevaux			9,630,000 fr.

Caractère des chevaux de la Franche-Comté au siècle dernier.

Le signalement du cheval comtois donné par les auteurs anciens est celui-ci : taille moyenne, os du bassin saillants, croupe avalée, courte, plate, queue attachée bas, tête forte, oreilles longues, encolure grêle, épaules plaquées, garrot bas, membres forts, jarrets larges un peu coudés, pieds bons, un peu grands, robe généralement rouanne ou baie.

Tel était le cheval comtois, parfaitement approprié au service du trait lent, et dont quelques-uns pouvaient courir et servir aux exigences des messageries et du train des équipages, selon l'attention qu'on avait donnée à l'élève.

Dans le Jura surtout et le Doubs, où les fourrages sont abondants, il était plus étoffé, et certaines variétés se rapprochaient beaucoup des types flamand et picard.

Ne serait-ce pas à ces types ou variétés qu'appartenaient les chevaux dits de *Châtillon* (village seigneurial situé près de Saint-Hippolyte), si renommés dans le pays pour leur bonté? Cette variété est aujourd'hui perdue. Une autre variété, caractérisée par une croupe double horizontale, carrée, les hanches saillantes, existe encore du côté du Russey, en allant sur Morteau.

Dans le Doubs, sur les montagnes bordant la Suisse,

nous possédions une autre race dont quelques sujets se rencontrent encore assez bien conservés aujourd'hui.

Ces chevaux, désignés sous la dénomination de Delémonts, Vaudets, ont une taille généralement inférieure à la précédente, variant de 1^{m}48^c à 1^{m}58^c, conformation arrondie, agréable à l'œil, croupe double avalée, hanches peu saillantes, queue attachée bas, côtes arrondies, garrot généralement mieux sorti que dans la race comtoise, encolure assez musclée, tête petite et bien portée, oreilles courtes, œil vif, aplomb bon, canon un peu grêle, robe baie ou grise.

Ces chevaux possèdent beaucoup d'ardeur, et, sans être aussi bien proportionnés pour la course que le normand et l'anglais, ont néanmoins une vitesse assez grande, et conviennent parfaitement pour les voyages en montagne, où il faut de la force en même temps que de la vitesse.

C'est surtout avec cette dernière race que le cheval de sang a laissé de bons produits; mais comme elle manque de taille, les descendants pèchent par ce côté.

Telles sont les deux races qui existaient il y a cinquante ans en Franche-Comté, ou, pour être plus exact, dans le département du Doubs.

§ III.

Amélioration de la race.

Avant la révolution, la race comtoise était telle que nous venons de la décrire, et uniforme dans la Franche-Comté. Elle se conservait ainsi par suite d'un système combiné d'encouragements aux propriétaires d'étalons et de bonnes juments poulinières; mais le libre exercice de toute industrie, accordé depuis, et les réquisitions considérables pendant nos longues guerres avec l'Europe, ont fait naître l'idée des croisements, qui ont abâtardi et perdu une partie des caractères du cheval comtois.

C'est en 1806 que le gouvernement essaya des améliorations par la création d'un dépôt d'étalons, composé de trente à quarante chevaux, qui furent distribués dans tout le département pour faire la monte. Mais on s'aperçut bientôt que ces étalons de race pur sang, demi-sang et percheronne, trop éloignés de la conformation du type comtois, laissaient des produits dégénérés et décousus. C'est alors que l'administration prit le parti d'adjoindre au haras du dépôt, des étalons de propriétaires, propres à donner de bons produits. Ces étalons sont divisés en deux classes, ceux *approuvés*, recevant une prime de 100 fr., 150 fr., 200 fr., etc., et ceux *autorisés*, ne recevant aucune prime.

En outre, des primes sont accordées en concours aux produits, mâles ou femelles, les mieux conformés et aux juments poulinières suitées.

Comme on le voit, le gouvernement a opéré dans notre département le croisement de la race comtoise, avec une moyenne de 30 à 40 chevaux; mais depuis quatre ou cinq ans, par suite d'un discrédit complet du croisement, le nombre en est bien réduit, et il n'y a plus guère de stations que dans les chefs-lieux d'arrondissement.

Stations établies en 1855 par le dépôt d'étalons de Besançon.

1° Besançon,   3 étalons, qui ont sailli 139 juments.
2" Baume,   2   —   —   50
3° Vercel,   2   —   —   60
4° Maîche,   2   —   —   60
5° Russey,   2   —   —   54
6° Pontarlier, 2   —   —   80
6 stations, 13 étalons, qui ont sailli 443 juments.

Stations établies en 1856 par le même dépôt.

30 chevaux existaient en 1856 au dépôt d'étalons de Besançon, dont 13 de trait, 11 de demi-sang carrossier, 6 de demi-sang léger, et 2 de pur sang, qui ont été répartis comme suit :

1° Besançon,   5 étalons, qui ont sailli 84 juments.
2° Baume,   2   —   —   21
3° Pontarlier, 2   —   —   67
4° Morteau,   2   —   —   104
5° Maîche,   2   —   —   61
6° Russey,   2   —   —   64
6 stations, 15 étalons, qui ont sailli 401 juments.

Stations établies en 1858 par le même dépôt.

1° Besançon,   3 chevaux, trait léger, demi-sang et arabe.
2° Dompierre, 3   —   trait, trait léger et demi-sang
                          carrossier.
3° Vercel,   1   —   trait, demi-sang carrossier.
4° Maîche,   2   —   trait, quart de sang.
5° Morteau,   3   —   trait, demi-sang carrossier.
    Total,   12 chevaux.

Stations établies en 1860, par le même dépôt.

1° Besançon,   3 chevaux, trait, demi-sang carrossier
                 et pur sang.
2° Montbéliard, 3 chevaux, 1 pur sang et 2 de trait.
3° Morteau,   2   id.   de trait.
4° Dompierre,   2   id.   id.

4 stations.   10 chevaux.

Stations établies en 1869 par le même dépôt.

1° Besançon,   ⎫
2° Baume,   ⎪ Comprenant 8 chevaux, dont 1
3° Montbéliard, ⎬ pur sang et 6 demi-sang.

*Tableau comparatif des étalons approuvés dans le département
aux époques suivantes.*

En 1853	13 chevaux qui ont reçu en prime 1,800ᶠ		
1854	11	—	2,000
1855	19	—	3,800
1856	17	—	3,290
1860 (tous dans l'arrondᵗ de Montbéliard)	7	—	1,300
1868	—	2	—	800
1869 (arrondᵗ de Baume et de Montbéliard)	3	—	1,100

Etalons autorisés en 1868 dans les arrondissements de
Besançon, Baume et Montbéliard, au nombre de 5.

Etalons autorisés en 1869 dans les arrondissements de
Montbéliard et Baume, 5.

*Etalons approuvés, autorisés et autres, en 1828, dans le
département.*

Arrond. de Besançon,　　34 chevaux pour 568 juments.

— 　　Baume, 　　54　　—　　1,187　　—

— 　　Montbéliard, 101　　—　　1,603　　—

— 　　Pontarlier, 　47　　—　　671　　—

Total. 236　　—　　4,029　　—

Nous avons donné avec quelques détails la situation
chevaline de 1828, parce qu'elle nous servira de point
de comparaison relativement au nombre d'étalons et de
juments que nous possédions en 1869.

Caractères de la race actuelle. Par suite de circonstances diverses que nous avons déjà signalées et que nous
examinerons encore bientôt, les chevaux du département ont éprouvé une transformation complète. Ils ont
perdu leurs muscles, leur ampleur ; ils sont devenus
plus grêles, moins étoffés en un mot.

Plus hauts sur jambes, plus levrettés, le garrot mieux
sorti, la tête mieux portée, mieux proportionnée pour
courir au premier abord que l'ancienne race comtoise,
les chevaux qui existent maintenant ne valent pas cependant les anciens. Il y en a aussi beaucoup de *décousus*,
c'est-à-dire conformés pour courir du train antérieur et
pour traîner du train postérieur, et réciproquement.

La conformation des chevaux actuels est loin de valoir
celle qu'ils possédaient il y a trente à quarante ans,
disent tous nos agriculteurs. Ils valent moins, non-seulement pour la course, mais aussi pour le trait, car ayant

perdu de leur volume sans compensation en vigueur, en *stimulus*, il est facilement compréhensible que le cheval de trait, qui oppose une masse plus grande au fardeau à enlever, peut vaincre cette résistance avec plus de facilité qu'un petit, si les conditions d'énergie sont égales partout, bien entendu.

Le croisement de la race Delémont, et nous parlons de cette race parce que nous trouvons qu'il en existe suffisamment de sujets dans la *haute montagne* pour être signalés, ayant été plus heureux, ayant mieux réussi, on est forcé d'admettre que les descendants du Delémont avec le cheval de sang sont de très bons produits. Mais transformer cette race, est-ce un avantage pour l'éleveur? Nous émettrons notre opinion plus loin sur ce sujet.

§ IV.

Dégénération et causes de la dégénération des chevaux dans le département.

Croisement. Nos éleveurs, sans trop s'enquérir, croyons-nous, de la cause ou plutôt des causes de la transformation de la race Comtoise et Delémont, proclament à l'unisson que cela tient aux croisements.

En faisant l'historique du cheval, nous nous sommes attaché à faire ressortir les changements successifs qu'il a éprouvés, selon les besoins, à différentes époques, à différents âges, pour mieux faire comprendre ce que nous dirons de cette déclaration ou plutôt de cette hypothèse.

Il y a un demi-siècle, avant que les chemins de fer

fussent aussi étendus qu'aujourd'hui, le commerce prenait déjà un essor extraordinaire ; les voies de communication, la rectification des routes, s'opéraient avec entrain et rendaient les transports, les voyages, beaucoup plus faciles ; il était donc naturel de penser à produire un cheval qui, tout en étant capable de traîner, pût aussi franchir les distances dans le moins de temps possible.

Ainsi, par suite de l'amélioration des routes, si nos chevaux avaient été perfectionnés de manière à augmenter leur vitesse, afin qu'ils puissent parcourir 8 à 12 lieues journellement, au lieu de 5 à 6, tout en traînant le même fardeau, on aurait réalisé un grand progrès. Par conséquent, une transformation était urgente, nécessaire et demandée ; seulement on n'a pas assez compté avec l'exigence de la race des chevaux améliorateurs et les qualités que ceux-ci étaient susceptibles de transmettre.

On supposait qu'en introduisant un peu de sang dans les veines de nos chevaux de trait, ils conserveraient leur taille et leur volume, tout en augmentant leur vigueur; malheureusement, cette donnée ne s'est pas réalisée pour le mieux avec la race comtoise en la croisant par le pur sang, et encore moins par le percheron, qui ne peut donner ce qu'il n'a pas.

Tels furent les projets d'améliorations commencés en 1806 par quelques enthousiastes qui nous ont dotés d'une transformation peu heureuse pour nos chevaux et pour nos intérêts.

On nous dira peut-être qu'il est facile de raisonner après coup. A cela nous répondrons que les bévues ont été annoncées par quelques hippologues, et que le grand mal en France, c'est la tendance qu'ont quelques personnages à réunir sur leur tête trop de fonctions incompatibles. L'action trop individuelle, avec notre caractère si mobile, est une cause de déceptions auxquelles on pourrait remédier en agissant avec plus d'ensemble et d'entente.

Ainsi, la première cause de la dégénération des chevaux comtois consiste dans les *mauvais croisements* , nécessités par les besoins supposés du moment, et en deuxième lieu dans l'*exportation*. Nous allons essayer de le démontrer.

Exportation. La spéculation et les calculs sont en général mal appliqués en agriculture. Les besoins chez les cultivateurs sont pressants et considérables, les impôts extraordinairement élevés, la propriété fort chère, le travail très coûteux, difficile à faire exécuter, et pour comble, les bénéfices en agriculture sont très restreints. Les époques de paiement arrivent irrévocablement : il faut trouver de l'argent, et c'est sur une paire de bœufs, sur une vache, que les vues se portent, et aussi sur un poulain de l'année et sur le plus beau de l'écurie, comme devant donner le plus d'argent, et cela pour garder le plus mauvais, une rosse souvent, en disant qu'il fera quand même un cheval de travail, une jument poulinière. Le cultivateur se vole sans s'en douter, il commet une erreur bien grande, qui nuit à ses bénéfices et à la production des bons chevaux, car ce poulain expatrié souffrira pour s'habituer aux produits du sol, au climat dans lequel il est transporté, et il croîtra moins bien que s'il était resté dans le pays qui l'a vu naître.

Ce système, qui s'exécute en grand depuis bien des

années, et plus encore aujourd'hui que les communications sont devenues plus faciles, a sans doute contribué pour sa bonne part à la dégénération de la race comtoise, et met les teneurs d'étalons dans de mauvaises conditions pour se procurer de bons reproducteurs ; c'est ce que nous allons examiner en troisième lieu.

Mauvaises conditions de l'élève. pénurie de bons étalons. La race franc-comtoise a dû dégénérer par suite de la pénurie de bons étalons. Nos éleveurs trouvent difficilement des mâles bien assortis à leurs juments. Prouvons la proposition.

Le département possède environ 120 à 130 étalons faisant la monte, et environ 6,000 juments, et dans bien des localités de la haute montagne, un étalon doit suffire à 80 et même 100 juments. A combien de saillies n'est-il pas obligé, avec un si grand nombre de femelles, si l'on tient compte de celles qui restent en chaleur plusieurs mois ? Aussi, en plaçant l'étalon dans d'aussi mauvaises conditions de reproduction, combien de juments restent infécondées, et combien le nombre des poulains n'est-il pas restreint, relativement aux juments que nous possédons ?

Dans le nombre des femelles saillies, nous croyons pouvoir estimer qu'il n'y en a guère que la moitié qui amènent leur produit à bien, ce qui revient à dire qu'il naît environ 3,000 à 3,500 poulains et pouliches annuellement dans le département. Nous ne nous trouvons pas, dans nos appréciations, tout à fait d'accord avec la statistique de 1828, qui estime qu'il naît dans le déparment 2,711 sujets mâles et femelles, sur une population de 26,090 chevaux , et provenant de 4,029 juments bonnes poulinières, assorties de 236 étalons.

Nous posséderions donc relativement beaucoup moins d'étalons qu'à cette époque, et par conséquent l'appareillement doit en souffrir, et par suite la reproduction. Ajoutons en outre que beaucoup d'étalons de notre département sont indignes de porter ce nom ; il n'est donc pas étonnant que nous ayons de plus mauvais chevaux qu'en ce temps-là. Que les éleveurs réfléchissent bien aux conséquences de cet état de choses , et que les sociétés savantes fassent donc leur possible pour contribuer à remédier à cette pénurie des étalons; nous donnerons d'ailleurs plus loin notre avis sur ce qui nous semble devoir être fait par la Société d'agriculture du département pour pourvoir notre pays de bons reproducteurs mâles.

Plus-value de l'espèce bovine comme cause de dégénération de l'espèce chevaline. Enfin nos chevaux ont dû dégénérer à cause de la plus-value de l'espèce bovine. Les chemins de fer, en facilitant les transports , ont étendu le commerce et l'ont équilibré ; il n'y a, pouvons-nous dire, plus de productions locales; les distances ne sont plus rien, et les prix sont uniformes presque dans toutes les parties de la France, de l'Europe même.

L'industrie fromagère étant en honneur dans notre département, et l'élève de l'espèce bovine étant très facile, comparativement à celle des solipèdes , le plus ignorant cultivateur y trouve son affaire ; tandis que pour l'élève du cheval un plus grand nombre de connaissances sont nécessaires. Si un animal de l'espèce bovine vient à être malade, à éprouver un accident, le cultivateur, en le livrant à la consommation, est indemnisé largement; par contre, pour le cheval tout est perdu. Aujourd'hui, par la création des boucheries hippiques, l'éleveur à proximité de ces établissements peut en profiter avantageusement; mais on devrait, dans les campagnes, utiliser plus économiquement qu'on ne le fait les débris du cheval lorsqu'il vient à mourir.

Nos bœufs, il y a cinquante ans, n'étaient guère exportés que vers la Normandie pour y être engraissés. Aujourd'hui, ils sont exportés gras en nombre double ou triple vers les grands centres de la France; ils ont donc engraissé la ferme avant de partir et enrichi le propriétaire.

Les vaches, élevées en plus grande quantité pour la fabrication du fromage, trouvent aussi des placements avantageux vers ces centres populeux. Lorsque, par suite d'accidents du côté des organes de la génération, ou par suite de l'âge, elles ne fournissent plus assez de lait, elles sont engraissées et expédiées sur Paris et l'Alsace.

Les exigences de la vie humaine ont augmenté considérablement en France ainsi que dans nos montagnes; on y mange bien plus de viande qu'autrefois; la consommation s'est accrue à Paris de 25 p. %, et nous croyons être au-dessous de la vérité en disant qu'elle a augmenté de 50 p. % dans le département du Doubs.

Par conséquent, tous ces avantages offerts à la production du bœuf et la diminution des débouchés pour le cheval ont fait porter les vues du cultivateur du côté le plus rémunérateur, c'est-à-dire du côté de l'espèce bovine. Et les produits du sol ayant augmenté dans des proportions assez grandes, comme on a pu en juger par les tableaux reproduits au commencement de ce mémoire, le nombre et la qualité de l'espèce bovine ont grandi sans que le cheval ait ressenti une influence marquée de ces circonstances favorables.

Nous concluons donc en disant qu'il n'est pas très logique d'avancer que ce sont les croisements seuls qui ont perdu la race comtoise, quoique nous admettions qu'ils y ont contribué plus que toute autre cause.

Nécessités du moment. Pour que l'éleveur trouve bénéfice à produire une race, il faut d'abord qu'il se préoccupe de ce qu'il pourra faire de ses produits, il doit avant tout voir où est la consommation, les débouchés en un mot.

Par la construction des chemins de fer, qui portent le commerce et l'abondance dans tous les coins et recoins de la France, l'utilité du cheval semble avoir bien diminué. La locomotive transportant dans tous les pays, non-seulement les voyageurs, mais encore des fardeaux excessifs qui entretenaient autrefois sur les routes nationales et départementales des quantités considérables de chevaux, on est porté à supposer tout d'abord que l'utilité du cheval se trouve bien restreinte. Mais il n'en est rien, la destination de cet animal a seulement été déplacée, et, comme on a pu le voir par les recensements que nous avons produits, le nombre des chevaux a néanmoins augmenté dans des proportions significatives depuis cinquante ans, aussi bien dans notre département que dans le reste de la France ; mais si l'usage n'a pas diminué, les nécessités ont changé, et l'éleveur doit se demander où il placera ses chevaux, et quelles races il convient d'élever pour en trouver un débit facile.

Considérant l'élève du cheval dans le département du Doubs, voici les réponses que nous ferons aux cultivateurs :

1° Il nous semble qu'en ce pays, par la nature du sol et de ses produits, nous ne pouvons élever lucrativement que le cheval de trait amélioré. Le grand, le fort, trouvera sa place dans le roulage restreint, mais qui emploie quand même beaucoup de chevaux pour les transports qui s'exécutent de village à village ; le fin, le plus amélioré, le mieux soigné, tant au point de vue de la nourriture qu'au point de vue des accouplements, aura des acquéreurs chez les voyageurs et pour la remonte de l'armée.

La race comtoise, parfaitement acclimatée au pays et à ses produits, ne convient-elle pas très bien à ces destinations ?

Elever les chevaux pur sang, arabes ou anglais, serait, croyons-nous, une erreur ; nous n'y trouverions que peu de bénéfices, et nous ne pouvons rivaliser avantageusement avec la Normandie, le Limousin, les Pyrénées. Leur élevage est sujet à des règles, à des principes qui, si l'on s'en départit, mènent vite à des déceptions ; nous n'avons pas ou peu de débouchés, tandis que pour le cheval commun, demandant peu de soins, tout est bénéfice ; nous avons des acquéreurs tous les jours, et dès l'âge de dix-huit mois, le poulain gagne déjà plus que sa vie, tandis que ce n'est qu'à quatre ou cinq ans qu'on peut faire travailler le cheval de race ; celui-ci, vendu 1,000 fr. à cet âge, indemniserait moins le propriétaire que le cheval commun vendu seulement 500 fr.

§ V.

Commerce auquel donnent lieu les chevaux du département.

Tableau comparatif des transactions avec la Suisse à trois époques.

DÉSIGNATION DES ANIMAUX.	ANNÉES.	Importations.	Exportations.	DIFFÉRENCE en faveur de		MOYENNE annuelle en faveur de l'exportation.
				l'importation.	l'exportation.	
Chevaux et juments. Poulains.	1862	204	584	»	380	
Chevaux et juments.	1867	531	201	330	»	224 têtes.
Poulains et pouliches.		21	267	»	246	
Chevaux et juments.	1868	71	271	»	200	
Poulains et pouliches.		8	186	»	178	
				330	1,004	

Le département du Doubs produisant plus de chevaux qu'il ne lui en faut pour son usage, cette industrie est l'objet d'un commerce assez considérable avec les pays voisins, tels que la Suisse, l'Alsace, la Haute-Saône, le Jura, l'Ain et même le Nord, surtout autrefois, alors que la race comtoise, plus étoffée, acquérait dans ce dernier pays un développement qui la faisait confondre avec la race boulonnaise et picarde.

Toutes les parties du département ne pratiquent pas l'industrie chevaline de la même manière ; aussi le commerce varie-t-il selon que l'on envisage l'une ou l'autre des zones.

La *haute montagne* fait naître et élève ; elle produit plus de poulains qu'il ne lui en faut ; aussi approvisionne-t-elle, ou du moins fournit-elle, aux foires d'automne, à la moyenne montagne et à la plaine, à l'Alsace et à la Suisse, beaucoup de poulains et pouliches âgés de six à huit mois, qui sont vendus à des prix qui varient de 100 à 350 fr. la tête.

Elle garde encore un assortiment assez important de poulains et de pouliches pour l'élevage ; aussi fait-elle un important commerce de jeunes chevaux avec les pays que j'ai signalés. Ils sont vendus de 300 à 800 fr., selon l'âge et la qualité.

La *moyenne montagne* fait naître et élève aussi, mais le nombre des juments y est plus restreint que dans la première zone ; elle s'approvisionne, dans cette région, de jeunes poulains et de jeunes chevaux pour les élever et les revendre comme chevaux de service quand ils sont arrivés à l'âge de 3, 4 et 5 ans.

La *plaine*, par suite de son système cultural, n'est pas dans de très bonnes conditions pour l'élevage du cheval ; les pâturages y manquent. Aussi cette production y est-elle restreinte , relativement aux deux autres zones. Elle achète, pour ses besoins et même pour le commerce, de jeunes chevaux dans les deux autres régions du département, dans le Jura et l'Ain.

Nous avons fait figurer en tête de cet article le tableau des transactions que le département opère avec nos voisins de la Suisse. Cet état, que nous devons à l'obligeance de l'administration des douanes , est l'expression de l'exacte vérité ; il nous fait voir que notre commerce annuel avec l'étranger n'est pas très important, et qu'en comparant les résultats en 1868 et 1862 , l'influence du traité de commerce en notre faveur ou en notre défaveur est à peu près nulle. En 1867, l'importation aurait dépassé de 144 sujets l'exportation; mais, en prenant la moyenne des trois années, nous voyons que notre exportation excède l'importation annuellement d'environ 220 sujets de tout âge.

Les transactions entre propriétaires du département sont considérables ; à chaque foire, il s'opère un échange de chevaux de différents âges et de diverses conformations. Le commerce que nous faisons avec les pays voisins est plus difficile à évaluer d'une manière exacte, car si l'on tient compte des affaires que les comptes rendus des foires donnent, on aurait évidemment des erreurs; nous nous baserons donc sur le nombre des naissances et sur l'état à peu près stationnaire du nombre des chevaux dans le département.

Nous croyons pouvoir porter à environ deux mille le nombre des chevaux, juments, poulains et pouliches vendus par le département.

Principales foires où ces animaux sont vendus. A peu d'exceptions près, les foires des localités dont les noms suivent se tiennent tous les mois ; mais il est bon de faire observer que les marchands prennent de plus en plus l'habitude d'aller acheter chez les propriétaires.

Arrondissement de Besançon : 1° Besançon, 2° Ornans, 3° Audeux, 4° Quingey.

Arrondissement de Baume : 1° Baume, 2° Rougemont, 3° Pierrefontaine-les-Varans, 4° Vercel.

Arrondissement de Montbéliard : 1° Montbéliard, 2° Maîche, 3° le Russey.

Arrondissement de Pontarlier : 1° Pontarlier, 2° Levier, 3° Morteau.

§ VI.

Industrie chevaline.

L'industrie chevaline, malgré la diminution apparente mais non réelle des débouchés, est néanmoins très lucrative et ne doit pas être négligée des éleveurs ; seulement les chevaux de trait sont ceux qui doivent plus spécialement donner des bénéfices aux cultivateurs, nous croyons l'avoir démontré.

Notre ancienne race, ou plutôt nos anciennes races franc-comtoise et Delémont ne méritent-elles donc pas, à ce titre, toute leur attention ; convenant parfaitement au roulage, à la remonte de l'artillerie et du train des équipages, pouvant être employés dès le bas âge aux travaux agricoles, sans nuire à leur croissance, ces chevaux indemnisent déjà à dix-huit mois le propriétaire par leur travail, et en outre permettent d'élever l'espèce bovine exclusivement pour ses produits. Laissée en repos, celle-ci transformera en nature, lait ou viande, toute la nourriture qu'elle prendra en bien plus grande quantité que si on la faisait travailler à la culture.

Le nombre des chevaux n'a pas diminué, avons-nous dit, malgré l'extension des chemins de fer, et cette concurrence n'a pas fait non plus baisser le prix de vente de ces animaux. Le nombre des bons chevaux seul a baissé, et ceux qui sont de bonne qualité se paient encore des prix très élevés et bien rémunérateurs pour l'éleveur. Le prix de vente est aussi élevé qu'il y a trente ou quarante ans; la baisse qui paraît exister n'est que relative et tient à l'augmentation de valeur de l'espèce bovine.

Voyons d'ailleurs le prix moyen des chevaux en 1869, comparé à celui de l'espèce bovine:

	Prix moyen.
Poulains et pouliches de 6 mois,	150 à 130
Poulains et pouliches de 2 ans,	380 à 350
Chevaux hongres et juments de 3 ans et au-dessus,	550 à 500
Bouvillons et génisses de 6 mois,	100 à 80
Bouvillons et génisses de 2 ans,	250 à 230
Bœufs et vaches de 3 ans et au-dessus,	380 à 320

Ce tableau, étant, croyons-nous, l'expression de la vérité, démontre que nos chevaux se vendent à un prix bien en rapport avec les soins qu'ils exigent, et aussi que nous devons faire tous nos efforts pour leur donner plus de qualités encore; car les chevaux que nous possédons en ce moment, et que nous appellerons *Comtois* par rapport au pays plutôt que par leur ressemblance avec l'ancienne race, sont-ils dans toutes les conditions voulues au point de vue du perfectionnement que l'on peut désirer ? Nous n'hésitons pas à déclarer que non, et pour les améliorer, bien des opinions sont en présence parmi les hippologues français ; cependant, l'opinion qui prévaut généralement aujourd'hui est *l'amélioration d'une race par elle-même.*

Examinons très succinctement ces opinions :

1° *Croisements.* On désigne sous le nom de croisement l'accouplement de sujets de races différentes, mâles ou femelles. Mais c'est généralement par le mâle d'une race étrangère que le croisement s'opère sur la race indigène. Cette manière d'agir est plus facile et plus expéditive que par les femelles, et, en outre, les qualités de la race sont plus fixes dans le mâle que dans la femelle, disent certains zootechniciens, elles se transmettent avec plus de certitude, et cela à cause de la prédominance du mâle sur les produits de la conception. Le mâle est le type de son espèce, et la femelle ne marche qu'en seconde ligne ; de plus, la capacité fécondante de la jument est à celle de l'étalon comme 1 est à 40 ou 50.

Le croisement comme œuvre de perfectionnement produit des résultats plus prompts, il est vrai, que l'appareillement ; mais il exige des connaissances plus grandes et nécessaires au succès de l'entreprise.

On s'est donc proposé, en croisant la race franc-comtoise, de lui donner, par l'introduction d'étalons mieux conformés et possédant plus de vigueur et mieux appro-

priés aux besoins de la France, des qualités que la sus-
dite race ne possédait pas.

Malheureusement , le résultat n'a pas confirmé le
moyen, et, comme le dit très judicieusement M. Eug.
Gayot, « les races communes ou de gros trait étant des
produits du sol, elles dégénèrent aussitôt qu'on les
éloigne du sol natal. Partout où le percheron et le boulonnais ont croisé, partout ils ont dégénéré et sont devenus méconnaissables, et de plus ils ont perdu la race
existante. Les résultats n'ont pas été plus favorables par
l'importation de sujets mâles et femelles en même
temps. »

Le pur sang seul forme type et résiste aux causes de
destruction, telles que le climat et la nourriture, qui
tendent à le transformer. Partout où on l'a introduit, il
s'est reproduit tel ; mais nous croyons que le département n'a pas intérêt à produire ce cheval ; nous avons
donné notre opinion à cet égard.

Malgré toutes les critiques, n'est-ce pas avec le cheval
de sang que la race comtoise a donné les meilleurs produits, et quoique ce croisement ait été opéré sans règles
et livré à la routine, au caprice des cultivateurs, ne re-
connaît-on pas facilement les descendants du cheval de
race par leur ardeur et leur résistance plus grande à la fatigue ? Quelle différence avec les descendants percherons,
animaux décousus et qui n'ont qu'en apparence cette
résistance et cette ardeur que les croisés pur sang ont
réellement !

Peut-être la grande cause de l'insuccès tient-elle aussi
à ce que nous avons opéré dans de trop mauvaises con-

ditions, sans tenir compte d'aucune règle, d'aucun principe zootechnique.

La méthode du croisement, comme moyen d'amélioration, est sujette à des conditions rigoureuses, qui ont été trop méconnues en pratique. La première des conditions est *l'opportunité ;* nous avons essayé de prouver et de démontrer cette opportunité ; la deuxième condition est que la race de perfectionnement soit, autant que possible, en rapport de taille, d'aptitude et de conformation avec celle qu'on se propose de croiser. A-t-on bien tenu compte d'un appariement judicieux entre les chevaux croisés, comme nous venons de le dire? N'avonsnous pas accouplé des sujets trop dissemblables sous une infinité de rapports? Aussi nous n'avons pas tardé à obtenir des animaux décousus, beaucoup plus mauvais que la race mère. Mais, hélas! n'existe-t-il pas des auteurs qui n'ont pas craint de préconiser l'alliance d'animaux les plus perfectionnés avec les femelles les plus dégradées, en disant : *Qui peut le plus, peut le moins.* C'est ne douter de rien.

Et comme troisième erreur, nous signalerons l'emploi d'étalons provenant d'un premier croisement et qui auraient dû être écartés jusqu'à ce que les caractères de la race régénératrice eussent été bien établis dans les descendants.

Nous nous sommes étendu un peu longuement sur le croisement des chevaux, plutôt pour en faire voir les erreurs et les difficultés pratiques, que pour en conseiller l'usage aux cultivateurs de notre pays.

Consanguinité. On désigne sous le nom de *consangui-*

nité l'alliance faite entre proches parents, dans le but d'imprimer dans une race des caractères déterminés et existant chez certains sujets de cette race. Ainsi on accouple par ce système le père et la fille, le frère et la sœur, le fils et la mère.

Cette voie, qui tout d'abord paraît le plus sûr moyen d'arriver au perfectionnement d'une race, est sujette à des règles qui, si on s'en écarte, mènent vite à la déception et à l'exagération des défauts. C'est surtout de la consanguinité qu'on a dit que c'était une *arme à deux tranchants*. Les uns la recommandent comme une pratique utile, d'autres la repoussent comme un danger sérieux, et les uns et les autres fournissent des preuves à l'appui de leur manière de voir.

Pour nous, il n'est pas douteux que les accouplements consanguins sont très avantageux ; les détracteurs, comme on l'a dit, ont trop confondu l'espèce et la race, et pris l'individu pour l'espèce. Nous croyons que c'est un moyen certain d'arriver au perfectionnement, et qu'on ne peut avoir de déceptions qu'autant que la consanguinité est mal réglée et l'élevage fait dans de mauvaises conditions.

Les Anglais, que nous prenons souvent pour modèles en agriculture, n'ont pas craint les accouplements *in and in* (dans et dans), et, par cette voie, ils sont arrivés à créer des sous-races d'un mérite incontestable. Tels sont la race ovine de Backwell et le cheval anglais. Toutefois, si la consanguinité est le plus sûr moyen d'arriver à la perfection d'une race, c'est aussi par ce moyen qu'on va le plus vite à la ruine.

Par cette voie, l'hérédité joue le principal rôle ; elle agit à puissances cumulées, aussi bien pour les défauts que pour les qualités, et peut-être conduit-elle plus vite encore à l'exagération des défauts.

C'est par un choix très sévère des animaux à accoupler, c'est-à-dire par une bonne sélection, que l'on peut se proposer d'arriver à un bon résultat.

Dans cette manière d'opérer, le point fondamental est l'exclusion des défauts et l'alliance des qualités les plus élevées de la race. Toutes les fois que les reproducteurs auront des défauts, ils devront être mis de côté ; mais aussi toutes les fois que deux reproducteurs, mâle et femelle, posséderont au plus haut degré la conformation et l'ardeur que l'on doit obtenir, plus on sera certain d'augmenter ces qualités, car on ne peut pas admettre que deux sujets exempts de tares héréditaires soit de leurs ancêtres, soit par eux-mêmes, puissent produire quelque chose de mauvais.

Mais, malheureusement, pour appliquer ce genre d'amélioration à l'élevage, il faut être riche, posséder de grandes exploitations, et ce n'est pas ce qu'on trouve communément dans le département, où la propriété est très divisée. Ce n'est donc pas un moyen dont l'applicacation puisse facilement être faite dans notre pays, et nous en avons parlé plutôt à titre scientifique que comme pratiquement applicable à l'élevage dans le Doubs.

Le système des associations agricoles, préconisé par quelques personnes, de plusieurs particuliers, et même d'une commune entière, qui confieraient à un chef la gestion de leurs terres, permettrait l'emploi facile de ce moyen. Ces associations, organisées sur le pied des sociétés industrielles par actions, paraissent tout d'abord d'une application possible à la culture des terres dans un temps plus ou moins éloigné ; mais aujourd'hui ce système n'est pas encore entré dans les goûts de nos cultivateurs.

3° *Appareillement*. C'est surtout par l'appareillement que nous pouvons avantageusement produire de meilleurs chevaux, et c'est de ce côté que les vues de l'éleveur doivent se porter.

On entend par ce mot, *l'amélioration d'une race par elle-même* (1). C'est l'action d'assortir des individus d'une même race, dans le but d'arriver à développer des qualités plus grandes, et de mieux approprier cette race aux besoins, à la destination à laquelle elle doit arriver.

L'amélioration d'une race par l'appareillement est simple, facile et peu dispendieuse. Elle ne compromet pas les ressources de l'éleveur, puisqu'il n'innove pas, mais il arrive avec certitude à de bons résultats. L'inconvénient de ce système serait sa lenteur, et en France il faut aller vite ; la vivacité et la mobilité de notre caractère n'admettent guère la persévérance. Cependant, n'apportant aucun trouble dans les habitudes journalières, il porte la persuasion avec lui, et le progrès réalisé, n'ayant à peu près rien coûté, sera bien mieux goûté. Une bonne sélection, voilà le principe à suivre.

---

(1) Eug. Gayot, art. Appareillement, *Nouveau Dictionnaire de médecine et de chirurgie vétérinaires*, par MM. BOULEY et REYNAL, t. II, 1856.

On choisira donc dans la race comtoise les animaux réunissant la meilleure conformation, et, en suivant une marche graduelle, on arrivera à un perfectionnement très grand.

L'appareillement est le moyen par excellence de la production du cheval de gros trait, a dit M. Eug. Gayot, qui fait autorité dans cette science. Le cheval de trait étant un produit du sol, c'est en choisissant les animaux les plus lourds, les plus propres à traîner, que, par l'abondance de la nourriture, nous arriverons à faire des chevaux de trait convenables.

L'élevage du cheval de trait est simple et facile, avonsnous dit ; il suffit d'être sévère sur le choix des reproducteurs et sur leur appareillement ; ces précautions, aidées d'une hygiène convenable, suffiront pour nous donner de bons chevaux.

L'amélioration des chevaux de trait est tellement facile, lorsque les produits du sol sont abondants, qu'on est réellement étonné de voir autant de chevaux défectueux et possédant si peu de valeur, par suite de leur conformation vicieuse. Mais cela n'étonne plus, lorsqu'on voit livrer à la reproduction nombre d'étalons si défectueux et si indignes de ce nom.

Un moyen assuré, ce nous semble, de procurer et d'aider l'éleveur à se pourvoir de bons reproducteurs mâles, ce serait par l'intermédiaire de la Société d'agriculture, qui donnerait des primes à un nombre reconnu suffisant de cultivateurs possédant des poulains entiers propres à former de bons étalons : ils seraient tenus de les garder tels jusqu'à l'âge de deux ans, et à cette époque, ces

étalons étant visités de nouveau par une commission,
on publierait par affiches dans le département les noms
des propriétaires possédant les étalons les plus beaux et
les plus aptes à l'amélioration de la race. Après un délai
convenu, l'éleveur qui ne voudrait pas faire le métier de
garde-étalons, et qui n'en trouverait pas le placement,
serait autorisé à en disposer à sa volonté. De cette manière, les teneurs d'étalons auraient une facilité bien
plus grande de se procurer ces animaux et ne livreraient
plus à l'accouplement des chevaux aussi défectueux.

Choix des reproducteurs. Pour faire un appariement
rigoureux, il faut, aussi bien pour le cheval de trait que
pour le cheval de course, posséder une certaine dose de
connaissances zootechniques, et quoique ces connaissances
ne soient pas aussi nécessaires que pour le pur sang et
qu'elles puissent être mises en pratique par le premier
cultivateur venu, l'éleveur doit cependant posséder les
notions essentielles ; autrement il agirait routinièrement
et serait exposé à éprouver de graves mécomptes.

Le cheval de trait arrachant un fardeau tant par son
poids que par sa force nerveuse, il faut rechercher chez
les reproducteurs mâles et femelles un grand développement musculaire.

C'est bien ici le moment de citer cette grande vérité,
que les formes extérieures rappellent exactement la struc-
ture interne. Des formes amples, arrondies, gracieuses à
l'œil, indiquent de bonnes conditions pour les organes
internes et de bonnes conditions de force.

Aussi les reproducteurs, mâles et femelles, doivent-ils
posséder au plus haut degré les qualités de leur race.

Ils seront vigoureux, ardents, exempts de maladies, soit acquises, soit héréditaires. Ils auront une poitrine ample, un poitrail large, la côte arrondie, l'épaule charnue, l'encolure bien musclée, la tête expressive et énergique. Avec une poitrine spacieuse, on a des poumons bien développés, qui peuvent suffire à une grande respiration, et toutes les fois que les organes pectoraux fonctionnent bien, les autres organes s'en ressentent avantageusement.

La partie postérieure du corps, comme l'avant-main, doit être bien accentuée, le bassin développé, la croupe double et les reins larges.

Les membres seront forts, les articulations larges et nettes, les canons et les tendons, qui sont généralement grêles, devront être renforcés, le sabot bien développé et évidé. Il faut à tout prix mettre tous ses soins à repousser les reproducteurs atteints de quelques tares héréditaires.

Il faudra, pour l'étalon, s'enquérir de son origine et s'assurer que ses parents n'ont pas eu la *fluxion périodique*; à plus forte raison, s'il en est atteint lui-même, il doit irrévocablement être mis de côté. Il en est de même des tares des membres, telles que éparvins calleux, vessigons, formes, étroitesse de la poitrine, marche irrégulière, affections héréditaires par excellence.

En tenant compte de ces données, c'est-à-dire en alliant les individus les plus parfaits, l'éleveur arrivera bien vite, en y unissant une bonne nourriture et des soins bien compris, à augmenter le corps de ses animaux.

Nous avons dit, en son lieu, que l'étalon devait avoir

au plus haut degré les caractères de sa race, et nous en avons donné la raison ; mais, malheureusement, c'est presque le contraire qui existe dans la race comtoise. On trouve encore facilement une belle poulinière, mais un joli mâle est inconnu. Cela tiendrait-il à ce que l'on castre les poulains à un an et que les teneurs d'étalons ont de la peine à remonter leurs haras ? C'est notre opinion.

L'étalon doit être gentil, aisé, car on dit généralement qu'il donne le caractère, la vigueur, la conformation du train antérieur, de la poitrine et de la tête, tandis que la mère donne la taille, le volume et la forme du train postérieur.

Age auquel on doit soumettre les reproducteurs à l'accouplement. L'âge auquel on doit livrer les reproducteurs à l'accouplement est très variable, selon le but qu'on se propose. Pour le cheval, comme on doit se proposer de la force et de la santé, c'est lorsque les parents auront acquis ces qualités qu'ils peuvent les communiquer ; par conséquent, c'est à cet âge seulement qu'il faut exiger d'eux des descendants.

En général, on peut faire accoupler la jument plus jeune que l'entier, et j'estime que l'âge qui convient le mieux est trois ans pour l'un et l'autre. Ce n'est pas ce qui a lieu cependant dans le département du Doubs, où une spéculation mal raisonnée paraît être le seul mobile de l'économie du cheval, car les animaux de l'espèce chevaline sont à peu près partout livrés à la reproduction à l'âge de deux ans.

§ VII.

Prix et primes. Courses.

En règle générale, dit-on, la plupart des cultivateurs ne sont pauvres que parce qu'ils cultivent trop de terrain relativement au fumier qu'ils emploient, et c'est pour remédier à cet inconvénient qu'on a proposé des prix et des primes à la production et à l'amélioration animale et culturale.

Les prix sont des récompenses accordées en concours aux éleveurs présentant les animaux les mieux conformés pour remplir des conditions déterminées.

Les primes, au contraire, sont des indemnités données aux propriétaires ayant réalisé, soit dans la culture, soit dans l'élève, des améliorations indiquées.

Les uns et les autres sont fondés par le gouvernement, les administrations locales et les sociétés.

Tous ont pour but de provoquer l'émulation des éleveurs et de les indemniser un peu des sacrifices qu'ils font. On a pu voir précédemment que le département du Doubs n'est pas en retard dans l'institution des concours, et qu'il marque avantageusement sa place sous ce rapport en France.

Les prix ont rarement produit le résultat attendu, et cela à cause du mauvais principe de l'encouragement. Ainsi, on ne s'est pas assez préoccupé, dans la transformation d'une race, des débouchés, des bénéfices du producteur ; n'est-ce pas pourquoi les races de chevaux fins

se sont peu propagées, malgré toutes les promesses de prix ?
Comme le disait M. Richard (du Cantal), dans une réu-
nion agricole : « Ce n'est pas la distribution d'argent qui
fait l'animal. » Qu'on montre à l'éleveur des acheteurs,
et il saura bien vite les assortir.

Ces prix et ces primes n'ont jamais tenté qu'un nombre
restreint de cultivateurs, les riches en général, qui en
font plutôt une spéculation onéreuse, mais honorifique,
qu'une spéculation lucrative et digne d'être suivie.

L'honorable M. Berger, vétérinaire et secrétaire de la
Société d'agriculture du département du Doubs, n'a-t-il
pas dit aussi tout récemment au sujet d'un concours :
« Que ce sont toujours les mêmes personnages qui se
montrent sur l'arène. »

Souvent c'est un éleveur qui n'a fait aucun sacrifice
et qui est même peu soigneux dans son élevage, qui par
hasard a un joli animal et qui reçoit le prix.

Les concours excitent la jalousie des cultivateurs, et
cela donne lieu à des accusations de partialité envers le
jury ; c'est pour remédier à cet inconvénient qu'on a
proposé de choisir les plus beaux animaux exposés et de
tirer les prix au sort. Ce système me paraît très rationnel
et devrait être suivi plus souvent dans la pratique par
les comices.

Les agriculteurs, excités par l'appât du gain, achètent
des bêtes d'une belle race sans trop s'inquiéter du genre
de nourriture qui leur convient, et se procurent ainsi
des mécomptes. Aussi les sociétés agricoles ont-elles compris ces inconvénients et sont-elles revenues de leur erreur en encourageant d'abord l'amélioration des cul-

tures, la tenue des fermes, et se sont-elles préoccupées des débouchés pour l'éleveur, afin de ne propager que les races dont le placement est facile.

Nous applaudissons cordialement à l'innovation de la Société d'agriculture du Doubs, qui a pris en main la régénération du cheval comtois et Delémont, persuadée que l'éleveur y trouvera plus de bénéfices qu'en ayant des vues plus transcendantes.

La Société départementale étend son action sur tout le département par ses concours et ses publications, et pré-cisément parce que cette action est trop générale, elle a moins d'effet. Nous croyons aussi que si on augmentait l'action des comices en laissant un peu plus d'argent à leur disposition, les progrès marcheraient plus vite.

Par le temps qui court, les cultivateurs, aussi bien que tous les citoyens, cherchent à s'instruire, non-seulement en politique, mais aussi sur leur métier. Les ouvrages d'agriculture ne manquent pas dans les campagnes, ils sont à la portée des cultivateurs, qui peuvent en profiter à leur aise pour étudier théoriquement les choses qui les concernent. Par contre, ils se déplacent difficilement à de grandes distances ; ils ont le naturel casanier, et rarement ils se dérangent pour conduire une pièce de bétail, un cheval, à un concours éloigné. Les faits dans notre département ne prouvent que trop ce que nous avançons.

Nous disons donc qu'aujourd'hui, par suite de l'extension de l'instruction et des publications, le cultivateur peut apprendre sur place ce qui se fait et se produit de nouveau dans toutes les parties de la France et de l'Europe. Il faut donc aller le chercher chez lui et le stimuler par des expositions. Comme le dit avec raison M. L. Laurent : « Si le livre parle au cœur, l'exposition parle aux yeux. »

L'institution des concours et des comices a donc un but grandiose, et, d'après notre manière de voir, avantageux à l'amélioration et à l'économie animale en général ; elle est un stimulant favorable pour le cultivateur. Elle procure parfois des récriminations et des jalousies regrettables, mais cela tient plutôt à la prétention individuelle et à l'amour-propre qu'à une fausse application des prix.

Pour qu'une institution ait des chances de succès, il faut non-seulement beaucoup de talent et de capacité dans les membres, mais il faut aussi que les idées qu'elle professe soient en rapport avec les besoins du pays. La Société d'agriculture du Doubs, qui dirige et surveille toutes les améliorations applicables aux terres et à l'élève, nous paraît suivre une voie tout à fait digne d'éloges et propre à donner une impulsion utile et favorable au progrès agricole dans ce pays.

Pour qu'il y eût plus d'ensemble dans l'amélioration animale et qu'elle fût poussée dans tout le département avec plus d'entrain, nous croyons qu'il serait bon que la Société étendît son action aux comices, pour y répandre ses principes et les faire appliquer convenablement. Ainsi, dans le jury d'examen des comices agicoles, ne verrait-on pas avec plaisir et bonheur un certain nombre des membres du bureau de la Société d'agriculture, ayant charge de faire opérer dans tout le pays la transformation dans le même sens ? De cette manière, nous aurions bien vite, croyons-nous, de bons animaux, des chevaux selon les besoins et les désirs des cultivateurs, des bœufs selon les nécessités de la boucherie, des vaches selon les exigences de la fromagerie, et en propageant, bien entendu, en même temps, l'amélioration des cultures, qui est si peu prise en considération par plusieurs comices du département (1).

Courses de Vesoul (Haute-Saône). Nous ne devons pas passer sous silence la création à Vesoul (Haute-Saône) de courses destinées à l'amélioration et à la régénération du cheval franc-comtois.

Ces courses, fondées en 1864 par une société franc-comtoise, comprennent les départements du Doubs, du Jura et de la Haute-Saône. Il convient de louer la société qui a pris cette généreuse initiative pour la régénération du cheval comtois.

La ville de Besançon cherche aussi depuis un an à organiser des courses.

Voici quel était le programme de celles de Vesoul pour 1869 :

Prix de la prairie. — Au trot pour chevaux attelés seuls. — 1,000 francs offerts par l'administration des haras, divisés en trois prix : 600 francs au premier, 250 francs au

(1) Malheureusement, les conseils municipaux montrent beaucoup de mauvaise volonté à l'endroit des subventions à accorder aux sociétés agricoles, ce qui fait que l'action de celles-ci se trouve paralysée par le peu d'argent qu'elles ont à leur disposition. Ne serait-il pas très opportun que M. le préfet imposât d'office les communes à une subvention en rapport avec leurs revenus ?

second, 150 francs au troisième, pour chevaux hongres et juments âgés de 4, 5 et 6 ans, nés et élevés dans la circonscription du dépôt de Besançon. Distance, 4,000 mètres environ. La distance devra être parcourue en dix minutes au plus pour avoir droit à l'un des trois prix.

Deux chevaux partant, appartenant à des propriétaires différents, ou pas de course.

Dans le cas où il n'y aurait que deux chevaux partant, le prix sera réduit à 500 francs au premier et 200 francs au second.

Prix d'essai.— Au trot monté.— 600 francs offerts par la Société franc-comtoise, divisés en trois prix : 400 francs au premier, 150 francs au second et 50 francs au troisième, pour poulains hongres et pouliches de trois ans, nés et élevés dans la circonscription de Besançon. Poids, 60 kilog. Distance, 2,000 mètres environ.

La distance devra être parcourue en six minutes au plus pour avoir droit à l'un des trois prix.

Deux chevaux partant, appartenant à des écuries différentes, ou pas de course.

Dans le cas où il n'y aurait que deux concurrents, ce prix sera réduit à 400 francs; 300 francs au premier, 100 francs au second.

Prix de Noidans. — Au trot monté.— 1,000 francs dont 700 francs offerts par l'administration des haras et 300 francs par la Société franc-comtoise, divisés en trois prix : 600 francs au premier, 250 francs au second et 150 francs au troisième, pour chevaux hongres et juments âgés de 4, 5 et 6 ans, nés et élevés dans la circonscription du dépôt de Besançon. Poids, 4 ans, 65 kilog.; 5 ans,

70 kilog. ; 6 ans, 75 kilog. Distance, 4,000 mètres environ.

La distance devra être parcourue en dix minutes au plus pour avoir droit à l'un des trois prix.

Tout cheval ayant gagné en un ou plusieurs prix de trot une somme de 1,000 francs, portera 3 kilog. de surcharge; de 2,000 francs et au-dessus, 6 kilog.

Deux chevaux partant, appartenant à des propriétaires différents, ou pas de course.

Dans le cas où il n'y aurait que deux chevaux partant, le prix sera réduit à 700 francs : 500 francs au premier, 200 francs au second.

Prix régional. — Au trot monté. — 1,200 francs, dont 300 offerts par l'administration des haras et 900 francs par la Société franc-comtoise, divisés en deux prix : 1,000 francs au premier, 200 francs et les entrées au second, pour chevaux hongres et juments âgés de 4, 5 ou 6 ans, nés et élevés dans les circonscriptions des dépôts d'étalons impériaux de Besançon, Rozières, Strasbourg, Montier-en-Der et Cluny. Entrée, 30 francs, moitié forfait au second. Distance, 4,000 mètres environ. La distance devra être parcourue en neuf minutes au plus pour avoir droit à l'un des trois prix. Poids, 4 ans, 65 kilog. ; 5 ans, 70 kilog. ; 6 ans, 75 kilog.

Tout cheval ayant gagné en un ou plusieurs prix de trot une somme de 1,000 francs portera 3 kilog. de surcharge; de 2,000 francs, 6 kilog. ; de 3,000 francs et au-dessus, 8 kilog. Les chevaux appartenant à la circonscription du dépôt de Besançon recevront 3 kilog. de surcharge.

Deux chevaux partant appartenant à des écuries différentes, ou pas de course.

Dans le cas où il n'y aurait que deux chevaux partant, le prix serait réduit à 1,050 francs : 900 francs au premier, 150 francs au second.

Prix de circonscription. — Au galop. — 500 francs offerts par la Société franc-comtoise pour chevaux hongres et juments de 3, 4, 5 et 6 ans, nés et élevés dans la circonscription du dépôt de Besançon, à l'exclusion des chevaux de pur sang. Entrée : 10 francs au second. Poids à volonté.

Les jockeys de profession ne seront pas admis à monter. Distance, 2,000 mètres environ.

Deux chevaux partant, appartenant à des écuries différentes, ou pas de course.

Prix de Franche-Comté. — Au galop. — 1,200 fr. offerts par la Société franc-comtoise, pour tous chevaux de 3, 4, 5 et 6 ans, nés et élevés dans les circonscriptions des haras de Besançon, Rozières, Strasbourg, Moutier en-Der et Cluny. — Entrée, 50 fr., moitié forfait, au second. — Poids, 3 ans, 60 kil.; 4 ans, 65 kil.; 5 ans et au-dessus, 67 kil. — Les chevaux ayant gagné en un ou plusieurs prix une somme de 1,000 fr. porteront 2 kil.; de 2,000 fr., 4 kil.; de 3,000 fr. et au-dessus, 6 kil. — Les chevaux de pur sang porteront 10 kil. de surcharge. — Distance, 2,000 mètres environ.

Dans le cas où il n'y aurait que deux chevaux partant, le prix serait réduit à 1,000 fr. au premier, le second retirera son entrée; les forfaits au fonds de course.

Le gagnant sera à vendre pour 2,000 fr.

Les chevaux indiqués dans la lettre d'engagement comme à vendre pour 1,000 fr. recevront 2 kil. et demi de décharge. Deux chevaux partant, ou pas de course.

Prix des Dames.—Course de haies. (Gentlemen riders.) — Un objet d'art offert par les dames de Franche-Comté et 500 fr. offerts par la Société franc-comtoise pour tous chevaux de trois ans et au-dessus, n'ayant pas, depuis le 1ᵉʳ janvier 1869, été entraînés par un entraîneur ou un jockey de profession.

Entrée : 50 fr. au second. Poids commun, 70 kil. Distance, 2,000 mètres environ et six haies.

Deux chevaux partant, appartenant à des propriétaires différents, ou pas de course.

§ VIII.

Influences diverses.

Nourriture. La nourriture a une très grande influence sur l'amélioration des races; c'est une des causes qui agissent avec le plus de puissance sur l'économie animale. Par les aliments, les animaux reçoivent profondément l'influence de la terre qu'ils habitent, tandis que le climat agit plus superficiellement et n'a pas une action aussi directe.

Il y a longtemps déjà que M. Magne, directeur de l'école d'Alfort, disait : Pour améliorer la race comtoise, il suffirait de mieux appareiller les reproducteurs et de donner la nourriture avec moins de parcimonie, en grains surtout.

Quoique, par suite des progrès agricoles, l'élève de

tous nos animaux domestiques se soit bien perfectionnée, celle du cheval est un peu reléguée au dernier rang, sans doute à cause du discrédit qui a frappé cette espèce par suite des transformations qu'elle a éprouvées et des besoins moins pressants qu'on a des chevaux.

Mais nous croyons avoir démontré que l'élevage du cheval donne des bénéfices tout aussi avantageux que celui de toute autre espèce animale; seulement il faut tenir compte des règles et des principes que nous avons essayé de décrire, sans cependant entrer dans les détails qui nous ont paru puérils ou tout à fait élémentaires.

C'est bien à tort que l'on donne une abondante nourriture à un cheval taré, difforme, mal venant; il la dépensera sans doute, mais sans résultat lucratif pour son propriétaire. Que le cultivateur choisisse de bons et beaux sujets; qu'il ne nourrisse que les chevaux ayant une belle conformation, et nous lui prédisons le succès. Il vaudrait mieux, bien mieux sacrifier tous les poulains mal constitués en naissant, que de dépenser des soins et des aliments qui ne seront indemnisés que faiblement à l'âge où cet animal sera livré au commerce.

La nourriture est un puissant agent d'amélioration pour les races ; elle a tellement d'effet sur l'économie animale que, dans une race donnée, selon que les individus sont plus ou moins bien nourris, qu'ils reçoivent des aliments plus ou moins succulents, plus ou moins nutritifs, ils deviennent propres au cabriolet, à la diligence ou au trait lent. Il n'est peut-être pas sans importance de signaler en ce lieu l'avantage de la connaissance des rations. La nourriture d'un animal se compose d'une quantité de fourrage, de racines ou de grains capable de le faire vivre, croître, engraisser, etc., et c'est cette quantité d'aliments que les agronomes divisent en deux sections, dites d'*entretien* et de *production*.

La ration d'*entretien* est la quantité de nourriture rigoureusement nécessaire chaque jour à un animal pour le faire vivre; en supposant qu'il ne donne ni travail ni aucun produit, avec cette ration, il n'augmenterait ni ne diminuerait de poids. Elle est évaluée en moyenne de 1,500 à 1,750 grammes de bon foin ou son équivalent, par 100 kilogrammes de poids vif.

La ration de *production* est la quantité en plus de la ration d'entretien que les animaux reçoivent en pur bénéfice, et qui varie selon une foule de circonstances dépendantes de la qualité des aliments, de l'aptitude plus ou moins grande des différentes races et même des individus à transformer cette nourriture.

Une nourriture copieuse, bonne, bien réglée, est donc une condition essentielle pour avoir des animaux robustes et pour réaliser des bénéfices. En outre, les améliorations une fois produites dans la constitution de l'animal se transmettront par génération. On ne saurait nier que des transformations résultant de la nourriture substantielle ne puissent se communiquer aux descendants, quand on voit des modifications apportées à des organes très peu importants, et ne paraissant avoir aucune action sur la constitution et la santé des individus, se perpétuer de père en fils. Tels sont les chiens auxquels, de génération en génération, on a coupé la queue et les oreilles. Ces animaux transmettent ces caractères en tout ou en partie à leurs descendants.

Influence des systèmes culturaux pour l'élevage du cheval. Trois systèmes se pratiquent en France pour l'élevage du cheval (1), et selon que l'un ou l'autre est employé plus ou moins invariablement, il imprime son effet plus ou moins profondément sur les espèces et les races animales.

1° Par le système *pastoral complet*, l'animal subit directement l'influence des lieux qu'il habite, et le volume du corps est en rapport avec l'abondance des produits du sol ; la race est uniforme et bien caractérisée. La rigueur du climat ne permettant pas l'emploi de ce genre d'élevage dans notre département, nous n'avons pas à en parler.

2° Dans les pays où l'on suit le régime des assolements alternes, les produits du sol sont abondants, l'élevage se fait à l'écurie, et alors l'influence des lieux disparaît, les caractères de la race sont moins uniformes.

On peut par ce système augmenter la taille, le volume des races, selon qu'on donne plus abondamment le trèfle, la luzerne, le maïs, l'avoine. Ce dernier mode d'élevage, appelé la *stabulation permanente*, est suivi en partie dans la plaine du département. La stabulation permanente est avantageuse dans les pays où, comme dans la région qu'on est convenu d'appeler la plaine du Doubs, le sol est très productif ; elle permet d'utiliser favorablement et entièrement tous les engrais ; mais pour

(1) 1° Le système pastoral complet, 2° la stabulation permanente, 3° et le système mixte ou pastoral incomplet.

faire de bons chevaux ayant de bons membres, nous croyons qu'il leur faut de l'exercice, dans le bas âge surtout (1). Pour le cheval, c'est l'élevage mixte qui convient le mieux et qui est le plus lucratif, et c'est en effet celui qui est le plus généralement suivi dans le Doubs. Examinons ce système.

3° Depuis cinquante ans, par suite de la suppression des jachères et de l'adoption des assolements triennaux, la production du sol, dans le département aussi bien que dans le reste de la France, s'est accrue d'une manière considérable, et cet accroissement des fourrages a été favorable à l'augmentation, sinon en volume, du moins en nombre, de toutes nos espèces animales. Cependant, il faut bien l'avouer, les chevaux n'ont pas eu à cette amélioration autant de part que l'espèce bovine. Cela doit sans doute tenir à l'augmentation des exigences de la vie humaine et à la plus-value de tout ce qui sert à la nourriture de l'homme.

Quoique la culture se pratique mieux qu'autrefois, nous possédons cependant encore de grandes étendues de terrains trop accidentés, trop peu productifs, pour être avantageusement cultivés; nous devons donc en tirer parti en les faisant pâturer par les animaux domestiques; mais c'est surtout à nos chevaux qu'il faut les réserver, c'est donc au système *mixte* ou *pastoral incomplet* que nous donnons la préférence.

(1) Je dis bas âge, parce que nous croyons que lorsque le cheval comtois a atteint quatre ou cinq ans, ses articulations, ses membres, ses formes, ont pris assez de consistance pour résister aux mauvaises influences de la stabulation permanente.

Il faut à un cheval, pour croître bon, solide, qu'il ait de l'exercice. Si on ne lui en donne pas par les pâturages, l'homme doit y suppléer par des exercices à la main et autres ; mais ce système, plus coûteux, est loin d'arriver à des résultats aussi heureux.

Il faut, nous le répétons, à un cheval, pour croître bon, de l'*exercice*, et un exercice pris en liberté dans les pâturages.

Dès sa naissance, le cheval est naturellement porté à courir, à se livrer à des sauts, à faire de la gymnastique, si je puis ainsi parler. Il faut donc que le poulain puisse se livrer à son aise à des sauts, à des gambades, à des courses effrénées, qui fortifieront ses articulations et leur donneront de la consistance ; où peut-il mieux le faire que dans les pâturages frais et accidentés de nos montagnes ? Là il a, en outre, l'influence du soleil, ce tonique par excellence ; il aura bien par contre à subir les intempéries de l'atmosphère, mais c'est en les subissant souvent qu'il s'y habituera et finira par ne plus en être impressionné.

Au bœuf, le repos et l'abondance de la nourriture.

Au cheval, le grand air, l'exercice et l'avoine.

Par l'exercice, le système musculaire se développe, se fortifie ; la poitrine prend plus d'ampleur, la respiration plus d'étendue, les membres plus d'aplomb, et les articulations deviennent plus solides.

Dans la plaine, on reproche au système pastoral de disposer les chevaux à avoir une tête lourde, le poitrail enfoncé, les genoux arqués et les boulets droits, tandis que dans les côtes, le cheval se tourne vers le sommet de la montagne, trouve la nourriture plus près de sa tête, ses quatre membres se rapprochent, il fait de petits pas, la colonne vertébrale a une tendance à se raccourcir et le tronc à se porter en arrière; les membres restent courts.

A tout bien considérer, cette influence pernicieuse ne peut être que le résultat d'un système exclusivement champêtre, et je crois que les six mois que nos chevaux passent aux pâturages leur sont plus utiles que nuisibles, en même temps que cette méthode est plus économique pour le propriétaire.

A l'écurie, on peut bien distribuer la nourriture plus abondamment et faire acquérir au cheval plus de taille ; mais il sera plus mou, les muscles resteront plus faibles, la poitrine et la respiration moins développées.

Si, par suite d'incuries diverses, l'écurie est mal établie, il en résultera encore d'autres défauts, et comme l'élevage se fait dans le département pendant six mois consécutifs à l'écurie, il n'est pas sans importance d'entrer dans quelques détails à cet égard, surtout si l'on considère que dans le département du Doubs il y en a encore un grand nombre de très mal construites.

Écuries. Dans le département on loge généralement ensemble les chevaux, les bœufs, les vaches et même les moutons; cela a peu d'inconvénients si l'on tient compte d'une bonne hygiène et d'une bonne disposition pour chaque partie du logement affectée à chacune de ces espèces; mais généralement les écuries sont établies trop en petit, trop fermées, trop peu éclairées, trop peu aérées et souvent humides.

On ne doit point y laisser putréfier les fumiers, ni même les laisser séjourner longtemps sous les pieds des chevaux, comme cela se fait encore, ce qui occasionne divers accidents, entre autres le ramollissement de la corne, l'échauffement de la fourchette et des démangeaisons à la peau. Par la respiration des émanations ammoniacales des fumiers, les coryzas, les bronchites, se déclarent.

Les murs d'enceinte doivent être crépis et blanchis souvent, ce qui ne se fait généralement pas. Le plafond doit être en planches jointes, au lieu d'être fait avec des perches plus ou moins espacées, laissant passer les fourrages et la paille, qui s'imprègnent plus ou moins profondément des exhalaisons des écuries ; il faut abattre les araignées et non les laisser se propager de manière à former un tapis dégoûtant, comme on en voit encore chez quelques cultivateurs. Les fenêtres doivent être en suffisante quantité pour éclairer convenablement le logement, et placées derrière les animaux.

L'aération des écuries, qui est assez mal comprise dans ce département, mérite cependant toute l'attention de l'éleveur. On estime qu'il faut à un cheval une capacité de 30 à 35 mètres cubes d'air pour que sa respiration soit dans de bonnes conditions, mais on comprend que cette dimension peut éprouver des variantes selon une foule de cas.

C'est surtout aussi en profondeur et en hauteur que les écuries pèchent. Un manque de profondeur expose les animaux à recevoir des coups de pied, et rend le service de l'écurie difficile ; s'il y a trop peu de hauteur, l'aération en souffre, et, dans ce cas, il serait utile de pratiquer au plafond des cheminées d'appel, combinées avec un système de barbacanes.

Le sol de l'écurie est généralement mal pavé; des creux, des enfoncements renfermant du purin, du fumier en putréfaction, se font remarquer; on ne saurait même trouver un sol plus mal uni et plus dégoûtant que celui des écuries de quelques fermes. L'inclinaison du sol, lorsqu'elle existe, est le plus souvent trop prononcée, et ce n'est que lorsqu'elle est dans des proportions bien comprises qu'on peut arriver à conserver les aplombs d'un cheval. Trop incliné, le cheval se campe, écarte les membres postérieurs des antérieurs, force ses articulations, et tend à rendre le dos ensellé. En ne donnant point d'inclinaison, les urines séjournent sous le corps des animaux, la litière se salit davantage et les animaux sont plus difficiles à tenir propres.

Il faut donc que le sol de l'écurie ait une inclinaison légère en deux sens et qu'il soit exempt d'anfractuosités.

La crèche et le râtelier doivent avoir une hauteur en rapport avec la taille des animaux. Avec un râtelier trop bas et incliné, le cheval prend difficilement la nourriture, ce qui lui fait contracter l'habitude de porter la tête basse, de fléchir les genoux, les boulets, et peut le rendre bouleté ou arqué. N'est-ce pas cependant ce qu'on trouve communément dans le département?

La crèche et le râtelier doivent être placés plutôt haut que bas; de cette manière les chevaux prennent l'habitude de relever la tête et l'encolure, de mieux porter ce premier appendice; le garrot, par suite, a une tendance à s'élever, et les aplombs se conservent mieux.

Il ne faut pas que le râtelier soit placé trop obliquement, pour qu'en mangeant la poussière ne vienne pas tomber dans les yeux.

Pansage. Le cheval demande à être pansé souvent et convenablement, surtout l'hiver. Le poil très long et fourré de nos chevaux lymphatiques retient la poussière et la sueur, et les fonctions de la peau ne se faisant plus par suite de ce vernis bouchant les pores, la respiration pulmonaire est altérée ; car les fonctions de ces organes sont étroitement subordonnées, et l'une ne peut pas être dérangée sans que l'autre en soit impressionnée défavorablement.

Tonte. Il serait bien à désirer de voir la pratique de la tonte de certains chevaux s'étendre chez les cultivateurs de notre pays. Cette pratique, qui prévient et guérit même quelques maladies, est d'une utilité incontestable et mérite d'être mise en usage par nos éleveurs et par les voituriers pour leurs poulains et leurs chevaux qui se couvrent d'une longue et épaisse fourrure en hiver, quoique bien nourris et dans un état d'embonpoint satisfaisant.

Combien de pauvres poulains ont un poil si long et si fourré en hiver qu'on les prendrait pour des bêtes à laine ! Du commencement de l'hiver au printemps, ils ne sèchent pas leur fourrure, enfermés qu'ils sont dans des écuries asphyxiantes par leur température. Il suffit de citer la chose pour faire comprendre que la tonte remédierait à toutes les maladies auxquelles les poulains sont exposés par suite de cette humidité qui les recouvre continuellement, et qui empêche les fonctions d'un organe aussi vaste et aussi important à la santé.

§ IX.

Maladies qui, dans le département, affectent le plus souvent les animaux de l'espèce chevaline.

Hydropisie des gaînes synoviales. Les différents gonflements synoviaux des articulations sont fréquents sur les chevaux du département, et surtout dans le bas âge. Ces gonflements sont souvent le résultat de l'hérédité et aussi d'une nourriture trop relâchante, trop peu alibile. Ces affections, difficilement curables lorsqu'elles tiennent à l'hérédité, le sont au contraire souvent lorsque elles proviennent d'autres causes.

Tumeurs osseuses. Les tares osseuses des membres, au jarret par exemple, sont communes et dues aussi à l'héritage paternel. Cependant la nature lymphatique des jeunes sujets y prédispose.

Gourme. Cette maladie sévit fréquemment dans la haute et la moyenne montagne, et c'est sans contredit la maladie qu'on observe le plus souvent.

Elle affecte généralement plusieurs sujets à la fois dans la même localité, et les cultivateurs sont unanimes à lui reconnaître le caractère contagieux.

Elle revêt tantôt le caractère *sthénique*, tantôt le caractère *asthénique.* Aussi les personnes étrangères à la médecine, qui veulent soigner cette affection toujours avec les mêmes moyens, commettent-elles bien des erreurs ; chez les uns elle demande des émollients et des expectorants, et chez les autres des toniques.

C'est au printemps et en automne que la maladie sévit le plus habituellement.

Arthrite des jeunes poulains. L'arthrite des jeunes poulains est commune dans les montagnes du département et est souvent mortelle. Cette affection, que les éleveurs appellent *mal des poulains,* n'est curable qu'autant que le poulain est déjà âgé d'au moins un mois à six semaines et d'une bonne provenance.

Castration. La castration est en majeure partie faite par les vétérinaires à l'âge d'un an à dix-huit mois, et est rarement suivie d'accidents de tétanos, de péritonite ou de champignons.

Morve, farcin. Ces deux maladies sont rares dans le pays; on peut dire qu'elles ne se montrent guère que dans les chefs-lieux du département et des arrondissements.

Maladies de poitrine. Les maladies aiguës de la poitrine sont fréquentes, ainsi que celles de la gorge, par suite des variations brusques de température auxquelles notre département est sujet; mais elles sont quelquefois épizootiques. En 1865, nous avons eu à observer la *fièvre muqueuse* ou *fièvre typhoïde* à forme pectorale; nous avons triomphé généralement de cette affection; seulement la maladie a été suivie chez beaucoup de sujets d'arthrites très intenses dont quelques-unes ont résisté à tous les traitements, même à celui du feu.

Fluxion périodique des yeux. Cette maladie est encore assez commune.

Coliques. Les différentes espèces de coliques sont fréquentes, mais elles ne sont qu'exceptionnellement mortelles.

Inflammations intestinales. Elles sont communes et fréquentes, mais rarement accompagnées de la teinte ictérique des muqueuses avec altération du sang.

Avortements. Nous avons à déplorer en certaines années des avortements nombreux ; quant à la cause, elle est généralement inconnue.

<h2 style="text-align:center">§ X.</h2>

<h3 style="text-align:center">Un mot du mulet et de l'âne.</h3>

Comme l'élève de l'espèce mulassière et asine ne fait pas l'objet d'une industrie dans le département du Doubs, nous ne ferons que mentionner l'existence de ces animaux.

Le mulet est un hybride provenant de l'accouplement de la jument avec l'âne. Il tient de la première sa taille, et du second son caractère et sa conformation.

On ne rencontre guère ces animaux que chez les meuniers, qui s'en servent pour aller chercher à moudre, et chez les petits marchands forains. L'âne est très souvent employé par les gros fermiers pour transporter à dos le lait de la pâture à la fruitière.

Nous importons, au fur et à mesure des besoins, ces animaux des départements du Jura et de l'Ain.

Statistique. Le département possédait en 1828 :

		ânes	mulets
Arrondissement de Besançon,		225	9
—	Baume,	290	31
—	Montbéliard,	95	91
—	Pontarlier,	120	7
	Total,	730	138

En 1866, dernier recensement qui nous soit connu, le département possédait : ânes, 557, mulets, 122.

Comme on le voit, l'état numérique est à peu près le même aujourd'hui qu'il y a quarante ans, ce qui prouve que les besoins et les usages n'ont pas changé.

CHAPITRE III.

§ Ier.

Historique et statistique.

Les animaux de l'espèce bovine, qui peuplaient la Franche-Comté il y a cinquante ans, étaient classés dans deux types parfaitement distincts. Les uns, désignés sous la dénomination de race *tourache*, ainsi appelés à cause de la ressemblance que les animaux avaient avec le taureau, se rencontraient depuis l'arrondissement de Gex jusqu'à celui d'Altkirch, en comprenant le Jura, la haute et la moyenne montagne du Doubs.

L'autre type formait la race *fémeline*, qui occupait les plaines de la Haute-Saône et du Doubs.

A notre époque, les choses ont bien changé, et il est difficile de trouver des animaux ressemblant complétement soit au type tourache, soit au type fémelin.

Comme nous n'avons pas en vue d'étudier toute la population bovine de la Franche-Comté, que nous nous proposons de dire seulement quelques mots de celle du département du Doubs, c'est donc du type tourache que nous aurons plus particulièrement à parler, pour en signaler les transformations survenues par les croisements et autres agents modificateurs.

Population de l'espéce bovine du département du Doubs à différentes époques.

En l'an xii, nous avions 117,255 pièces de bétail, réparties ainsi :

38,107 bœufs.

43,408 vaches.

35,740 veaux et génisses.

117,255 têtes.

En 1828, la population bovine s'élevait au chiffre de 126,695, répartie comme suit :

	ARRONDISSEMENTS.				Total.
	Besançon.	Baume.	Montbéliard	Pontarlier.	
Taureaux . .	458	239	156	600	1,453
Bœufs. . . .	15,388	14,369	6,544	5,051	41,352
Vaches . . .	14,545	11,060	9,311	22,382	57,298
Génisses . .	3,235	3,013	2 413	3,426	12,087
Jeunes veaux	3,091	4,406	2,853	3,345	14,505
	37,527	33,087	21,277	34,804	126,695

En 1836, le recensement donne un résultat de 127,225 têtes, dont :

1,281 taureaux.

37,497 bœufs.

62,673 vaches.

25,774 veaux.

Total, 127,225.

En 1852, le recensement indique le nombre de 123,585 têtes (1).

ARRONDISSEMENTS.	Taureaux.	Bœufs.	Vaches.	Elèves, taurillons, bouvillons et génisses.	Total.
Besançon . . .	298	10,553	15 539	6,038	32,428
Baume.	162	10,992	13,762	9,097	34,013
Montbéliard . .	152	3,978	12,278	6,693	21,101
Pontarlier . . .	776	4,513	22,805	5,949	34,043
	1,388	30,036	64,384	27,777	123,585

En 1858, nous possédions, d'après le recensement, 146,515 têtes, réparties comme il suit :

ARRONDISSEMENTS.	Taureaux.	Bœufs.	Vaches.	Elèves, taurillons, bouvillons et génisses.	Total.
Besançon . . .	359	11,429	17,199	10,430	39,417
Baume.	163	12,507	15,816	14,601	43,087
Montbéliard . .	157	4,435	13,168	8,948	26,708
Pontarlier . . .	760	3,529	23,966	9,048	37,303
	1,439	31,900	70,149	43,027	146,515

En 1862, le recensement compte un nombre de 152,772 têtes, réparties comme suit :

(1) La diminution de notre espèce bovine en 1852, comparativement à 1836, est due sans doute à la baisse de prix survenue pendant la république de 1848, sur notre bétail.

ARRONDISSEMENTS.	Taureaux.	Bœufs, vaches et élèves.	Total.
Besançon	303	40,807	41,110
Baume	208	41,998	42,206
Montbéliard. . . .	148	27,659	27,807
Pontarlier.	529	41,120	41,649
	1,188	151,584	152,772

En 1866, le recensement donne un chiffre total de 137,978 têtes, dont :

1,411 taureaux, estimés chacun à 200^f total ,				282,200^f
26,066 bœufs,	id.	350	—	9,123,100
64,504 vaches,	id.	220	—	14,190,880
45,997 élèves,	id.	100	—	4,599,700

137,978 têtes qui donnent une valeur totale de 28,195,880

Si l'on jette un coup d'œil sur ces différents tableaux, nous éprouvons la satisfaction de constater un état croissant dans l'augmentation de notre population bovine. Ainsi, depuis l'an XII jusqu'en 1862, c'est-à-dire dans une période de cinquante ans, on compte une augmentation de 35,517 têtes. Malheureusement, de 1862 à 1866, une décroissance a lieu et s'élève, dans ce court espace de temps, au chiffre de 14,794 têtes (1). De sorte que notre

(1) La statistique de 1866 indique un nombre de bétail moindre qu'en 1862, sans doute à cause de la pénurie des fourrages en 1865, qui a forcé les cultivateurs à se défaire d'une grande partie de leur bétail dans l'automne.

situation actuelle vis-à-vis de l'an XII n'est que de 20,723 têtes en plus.

Nous avons signalé en son lieu l'augmentation qui s'est faite dans ces dernières années pour l'élevage du cheval, et s'il nous est permis d'en tirer une conclusion, la diminution dans l'élevage de l'espèce bovine tiendrait à cette augmentation.

On peut constater aussi, par l'inspection de ces tableaux, que l'augmentation ne se fait pas également dans tout le département. Cette inspection nous démontre que c'est dans la *plaine* qu'elle est le plus sensible. D'ailleurs, n'est-ce pas dans cette partie du département que les améliorations agricoles se réalisent en plus grand nombre et permettent de garder de plus grandes quantités de bétail ?

§ II.

**Caractères anciens et nouveaux de l'espèce bovine
du département du Doubs.**

Pour étudier avec fruit la race bovine du département du Doubs, il faut absolument la considérer dans ses trois zones en particulier, car elle diffère tellement par ses caractères, par sa conformation, par son mode d'élevage et par l'emploi de ses produits, qu'il faut, disons-nous, l'étudier dans chacune de ses régions isolément, pour pouvoir en tirer des conclusions utiles.

Race de la haute montagne. La race de la haute montagne est belle, majestueuse, et donne des produits très abondants en lait et en viande. L'industrie étant peu ré-

8

pandue dans cette zone, le cultivateur l'élève en vue de la production du lait pour la fabrication du fromage.

Caractères. Il serait difficile, croyons-nous, de trouver dans l'espèce bovine de la haute montagne un type tourache. En général, ces animaux ressemblent aujourd'hui beaucoup plus à la race suisse fribourgeoise ou de Seigne-legier, qu'à une des races comtoises. En effet, le commerce, l'échange continuel qui s'opère avec ce pays, a dû produire avec le temps des transformations très grandes. Ces animaux sont, avec juste raison, très estimés pour leurs produits ; ils donnent du lait en abondance et s'engraissent avantageusement. Si les animaux de nos montagnes sont un peu déclassés sur les marchés de Paris, les placements sont faciles chez les bouchers de la province, qui paient le bœuf au prix moyen de 70 fr. les 50 kilogr., et la vache 60 fr. en quartier (1). La vache étant très bonne laitière, cette qualité mérite d'être prise en sérieuse considération par celui qui fabrique le fromage.

La race, comme nous le disons, se rapproche, par son signalement, plus de la fribourgeoise que de la tourache et de la fémeline.

Le corps est volumineux, épais, et le ventre très développé. Les membres sont forts, les articulations larges, le pied moyennement développé et bon: L'encolure est épaisse, le fanon descend bas ; la poitrine est ample, la tête un peu forte, le front large, les cornes longues, con-

---

(1) Le bœuf se payait 80 fr. et la vache 75 fr. les 50 kilog. en quartier, en juin 1869, dans la *haute montagne*.

tournées et généralement bien plantées. La ligne dorsale est droite, et la croupe relevée vers la naissance de la queue. La peau est épaisse et couverte d'une abondante fourrure; le poil est le plus souvent pie, froment et blanc, rouge et blanc, noir et blanc; rarement tout blanc, tout rouge ou tout noir. Les éleveurs préfèrent les robes pies.

La vache a les mamelles très développées et donne beaucoup de lait quand elle est fraîche; elle arrive jusqu'à 20 et 25 litres par jour pour les meilleures; mais la moyenne ne peut guère être portée qu'à 6 ou 7 litres de lait par jour pendant dix mois. On ne rencontre pas trop, dans cette zone, d'animaux différents de ceux dont nous avons donné le signalement, si ce n'est quelques Schwitz et quelques fémelins croisés.

Emploi et usage. La culture étant relativement peu répandue dans cette contrée, on fait peu travailler les animaux; cependant on pourrait utiliser davantage le bœuf aux travaux agricoles. La vache, étant surtout destinée à la production du lait, soit pour l'élevage, soit pour la fabrication du fromage, est généralement laissée en repos; c'est seulement dans ce cas que l'on retire tout ce que l'on peut espérer d'une vache laitière, en la nourrissant abondamment, bien entendu. Les pâturages dans la haute montagne produisent des plantes très succulentes et très aromatiques, qui donnent au lait et au beurre des qualités qui les font distinguer avantageusement des produits du même genre provenant des autres parties du département.

L'élevage dans cette zone se fait, en hiver, à l'étable, et, depuis le mois de mai à la fin de septembre, dans les pâtures. Il serait difficile de changer brusquement cette manière de faire, critiquée avec quelque raison par nos agriculteurs progressistes ; d'ailleurs, le climat ne se prête pas aux cultures des céréales et des fourrages artificiels. Nous croyons donc que le système pastoral est un très bon moyen pour le cultivateur de nos montagnes de réaliser des bénéfices certains ; cependant on devrait, par la culture, renouveler plus souvent les prairies naturelles.

La haute montagne fait un commerce considérable de bétail, soit avec les autres parties du département, soit avec la Suisse, Paris et l'Alsace, en leur fournissant des vaches laitières et du bétail pour la boucherie ou pour l'élevage.

On reproche à la race de la haute montagne d'être trop dépensière selon les produits qu'elle donne ; nous ne savons jusqu'à quel point ce raisonnement est fondé, car nous croyons que dans toutes les races il faut nourrir beaucoup pour recevoir beaucoup, et, sous ce rapport, si les vaches flamandes et hollandaises sont supérieures chez elles aux nôtres, l'importation qui a été faite de ces animaux par quelques riches propriétaires n'a pas été très bien goûtée. La race Schwitz, qu'on a souvent l'occasion d'observer à côté de la race des montagnes, et qui passe pour donner davantage relativement à sa dépense, est peut-être la race qui conviendrait le mieux pour l'amélioration et le perfectionnement de celle des hautes montagnes du Doubs.

En résumé, le bétail de la haute montagne est assez bien approprié au pays. Les bœufs, dès l'âge de trois à quatre ans, trouvent un placement assuré chez les bouchers de notre pays, qui les paient un bon prix, comme nous l'avons dit, et si, pour les faire arriver au fin gras, l'engraissement est un peu coûteux, ils arrivent vite en viande et donnent une chair de bonne qualité et aromatique.

Si donc on peut accuser ces animaux d'avoir peu de dispositions à s'engraisser et d'avoir un trop grand développement osseux relativement à leurs muscles, c'est surtout à cet égard que l'amélioration doit être poussée, par un choix bien entendu des reproducteurs et par le croisement, et même par l'importation de vrais schwitz et fémelins, qui transmettraient à cette race une charpente moins osseuse et moins volumineuse, tout en conservant à la vache ses qualités lactifères, car les races dont nous venons de parler sont remarquables sous le rapport de la lactation, et ont beaucoup de propension à l'engraissement

Moyenne montagne. Le bétail de la moyenne montagne se rapproche beaucoup de ce qu'on est convenu d'appeler la race *tourache ;* nous allons donc donner le signalement de cette race, et ensuite celui des animaux peuplant actuellement la deuxième zone.

Race tourache. La race tourache a une taille variable, mais en général petite ; son corps est ramassé, la tête courte, épaisse, les cornes divergentes, l'encolure forte, courte, le fanon long et traînant, le poitrail large, la croupe serrée, les cuisses plates, les membres forts.

Caractères de la race actuelle. Le bétail est moins gros, moins développé que celui de la haute montagne. Il y a quelques années seulement, dans l'arrondissement de Baume, les animaux étaient petits, chétifs, l'élevage peu soigné dans la nourriture ; on désignait ces bœufs sous le nom de *ragots,* mot qui veut dire, dans le patois du pays, *animal crochu.*

Depuis vingt-cinq ans les choses ont bien changé, et avec l'amélioration des cultures il y a eu amélioration des animaux. Dans cette zone, on cultive bien plus que dans la haute montagne ; les racines fourragères, les prairies artificielles y abondent déjà, et, par l'importation du bétail de la première zone et de celui de la Suisse, une transformation heureuse a eu lieu.

Le corps, quoique gros et épais, est moins développé que celui du bétail de la première zone ; les fesses sont plus minces, la tête pourvue de grandes cornes divergentes, le front saillant, le dos horizontal et la croupe relevée vers la queue, la peau épaisse, le membre bon, ainsi que le pied ; aussi ces animaux travaillent-ils bien.

La robe est généralement pie, blanche et rouge ; le rouge uniforme et le froment se rencontrent quelquefois, et ce dernier est préféré pour l'engraissement. Chez les propriétaires qui nourrissent bien, le bétail ressemble à celui de la haute montagne.

La vache est bonne laitière ; le bœuf est employé aux travaux agricoles jusqu'à cinq ou sept ans, et ensuite engraissé.

L'élevage est beaucoup moins pastoral que dans la haute montagne ; le système de la stabulation y est bien plus en honneur. Les cultures fourragères étant plus répandues, les cultivateurs ont bien vite compris l'avantage qu'il y a dans ce système pour la conservation des fumiers et les bénéfices qui y sont inhérents.

La plaine. Ici le bétail se rapproche du fémelin. C'est un produit intermédiaire de la race fémeline et de la race tourache-seignelegier. Le fémelin pur, qui habitait autrefois cette région, se retrouve rarement sans croisement.

Ce bétail, qu'on appelle bœufs de l'Ognon, à cause de la rivière de ce nom qui limite cette zone, est l'objet d'un grand commerce avec les herbagers du Nord.

Ainsi, si l'on compulse depuis 1856 à 1868 les relevés statistiques des exportations que les marchands flamands opèrent en Franche-Comté tous les printemps, nous voyons qu'ils nous achètent en moyenne 7,000 bœufs par an, donnant un produit en argent de 2,800,000 fr., et, pour la quantité achetée dans la partie de notre département dont nous parlons, on peut l'évaluer à une moyenne de 1,500 bœufs, valant 400 fr. chacun, ce qui donne un total de 600,000 fr. annuellement. D'après M. Grappe, membre du comice de Vesoul, les herbagers du Nord auraient acheté, dans le département, du 10 mai 1868 au 10 mai 1869, la quantité énorme de 3,000 bœufs.

Cette race, résultant du croisement de la race fémeline avec la tourache fribourgeoise (1), a encore beaucoup de ressemblance avec la fémeline, mais elle a plus de taille et a en outre plus d'aptitude à l'engraissement que les variétés dont nous avons déjà fait mention. Sa

(1) Nous faisons entrer la tourache dans la formation de la variété de l'Ognon, parce que nous pensons qu'on a bien pu s'arrêter aux montagnes du Doubs pour faire l'acquisition de taureaux destinés à être alliés avec la fémeline.

taille est élevée, le cou est mince et la tête fine; son pelage est souvent jaune-clair ou pie, froment; la peau est mince, souple. La vache est bonne laitière et le produit est employé à la fabrication du fromage.

Ces animaux sont employés aux travaux agricoles, qu'ils partagent avec les chevaux, et à l'âge de cinq ou six ans ils sont engraissés.

L'élevage se fait presque exclusivement à l'étable. Le climat étant très favorable aux cultures améliorées, le propriétaire peut de cette manière mieux utiliser les produits du sol en les faisant consommer à l'étable qu'en les faisant pâturer. N'a-t-on pas dit, sans tenir compte d'autres considérations, que les animaux en pâturant dépensent la nourriture et *par la bouche* et *par les pieds?*

§ III.

Commerce.

En outre que le département produit tout le bétail nécessaire à sa consommation, il fait encore avec les pays voisins un commerce considérable de ses animaux. Le nombre des naissances étant de 43,000 environ, une partie alimente les boucheries, une autre remplace les animaux mis à l'engrais et les mortalités, et une troisième est exportée.

COMMERCE AVEC LA SUISSE.

DÉSIGNATION DES ANIMAUX.	ANNÉES.	Importations.	Exportations.	Différence en faveur de		Valeur en argent de	
				l'importation.	l'exportation.	l'importation.	l'exportation.
Vaches, taureaux, bouvillons et génisses . .	1862	2,006	1,644	»	362	95,625	144,000
Veaux		2,735	»	2,735	»		
Bœufs		311	1,025	»	722		
Vaches		1,043	321	714	»		
Taureaux et taurillons.	1867	24	2	22	»	316,910	361,000
Génisses		195	15	180	»		
Bouvillons		603	3	600	»		
Veaux		1,499	93	1,406	»		
Bœufs		135	1,213	»	1,088		
Vaches		1,115	367	748	»		
Taureaux et taurillons.	1868	37	»	37	»	373,770	344,000
Génisses		135	41	94	»		
Bouvillons		343	1	342	»		
Veaux		3,455	93	3,362	»		

Comme on le voit, nous achetons en Suisse du bétail jeune et des vaches laitières dont le nombre moyen est de 3,175 têtes, estimées à un chiffre total et moyen de 262,100 francs.

Par contre, nous revendons à la Suisse, à un âge plus ou moins avancé, et le plus souvent à l'état gras, un nombre de 724 têtes en moyenne par an, représentant une valeur de 349,630 francs.

En rapprochant ces chiffres, nous constatons que nous avons en notre faveur une somme de 87,530 francs annuellement sur la valeur importée, et d'autre part que le nombre de têtes importées est supérieur aux exportations de 2,451 têtes par an.

Echange entre la Suisse et le Doubs pour le pacage (1).

	IMPORTATION pour le pacage dans le Doubs.		EXPORTATION pour le pacage en Suisse.	
	1867.	1868.	1867.	1868.
Bœufs	3	4	»	»
Vaches	2,284	2,368	6	33
Taureaux et taurillons	28	33	»	1
Génisses	723	722	4	9
Bouvillons . . .	13	3	»	2
Veaux	282	336	3	5
Total	3,333	3,466	13	50

Nous croyons que le commerce en bétail qui se fait

(1) Sous cette dénomination, on entend la location d'animaux, de vaches surtout, de provenance suisse pour la saison d'été. Cette location se paie de 50 à 70 francs, suivant la qualité.

du département avec différentes parties de la France, telles que Paris, Lyon, la Haute-Saône, le Jura et l'Alsace, peut être évalué à environ 8,000 têtes par an.

Quant aux acquisitions faites par les Flamands aux foires de Baume, Clerval, l'Isle, Vercel, Besançon, Pont-de-Roide, elles peuvent être portées à une moyenne de 1,500 à 2.000 bœufs.

Principales foires du département pour l'espèce bovine.

1° *Arrondissement de Besançon* : Audeux, Besançon, Bouclans, Ornans et Vuillafans.

2° *Arrondissement de Baume.* Baume, Belvoir, Clerval, l'Isle, Pierrefontaine-les-Varans, Rougemont, Sancey-le-Grand et Vercel.

3° *Arrondissement de Montbéliard.* Belleherbe, Maîche, Montbéliard, Pont-de-Roide, le Russey et Trévillers.

4° *Arrondissement de Pontarlier.* Levier, Morteau et Pontarlier.

Castration. La castration se pratique aux veaux dès l'âge d'un mois à trois mois, avec la ficelle, car les engraisseurs préfèrent les bœufs châtrés par l'ablation des testicules à ceux bistournés. Les cultivateurs trouvent qu'ils engraissent mieux, que le scrotum prend une plus belle forme et qu'il s'y accumule plus de graisse, ce qui donne au toucher une sensation d'un plus grand état d'embonpoint.

Attelage. Les animaux de l'espèce bovine sont généralement employés aux travaux de l'agriculture; beaucoup de petits cultivateurs qui ne possèdent qu'une vache ou deux font leur travail, leur culture, avec ces animaux, et en retirent encore du lait pour l'entretien du ménage.

Ces animaux sont attelés avec le joug double ; le joug simple et le collier sont rarement employés.

Alimentation. En parlant de la culture du département, nous avons indiqué le mode d'élevage de notre pays, nous n'y reviendrons donc pas ; nous dirons seulement qu'il en est des grands ruminants comme du cheval, c'est-à-dire qu'une nourriture prise en liberté, les animaux ayant l'exercice et le grand air, sont des conditions très avantageuses pour élever le bétail et lui faire acquérir sans peine d'excellentes qualités. Par conséquent, les grandes surfaces gazonnées qui existent dans le département, et qui sont difficilement accessibles aux cultures, doivent être utilisées en pâturages pour le bétail tout aussi bien que pour le cheval. Il ne faut pas oublier aussi que, lorsqu'on éloigne trop un animal de ses habitudes naturelles et originelles, on est d'autant plus exposé à des mécomptes que l'écart est plus grand ; or, nos espèces et nos races animales, étant des produits artificiels, demandent beaucoup de soins et d'attention pour être maintenues dans leur état. Cependant, si nous disons que nous approuvons le système pastoral pour l'éducation des ruminants, nous ne l'admettons qu'avec réserve, c'est-à-dire pour les terrains trop difficiles à cultiver, trop peu productifs pour compenser la main-d'œuvre. Partout où le sol est très généreux, on doit restreindre le système pastoral pour appliquer le système de la stabulation, comme plus lucratif et pouvant donner d'aussi bon bétail. Il n'est peut-être pas sans intérêt aussi de connaître la ration qu'il convient de donner aux ruminants de grande taille. D'après Riedesel, il faut aux bêtes à cornes, pour être rassasiées, le trentième de leur poids de bon foin, ou son équivalent, et le soixantième pour leur ration d'entretien ; il leur faut en outre les quatre trentièmes d'eau ou d'autre liquide en boisson ou contenu dans les aliments. M. Perrault estime que 14 kilogrammes valeur en foin par jour sont suffisants pour assurer un bon produit à des vaches à lait pesant environ 400 kilogrammes.

Étables. L'espèce bovine est habituellement logée dans des étables mal bâties et mal tenues. Quoique leur mauvaise tenue ait moins d'influences pernicieuses sur cette espèce que sur l'espèce chevaline, il n'est pas moins vrai que des étables basses, humides, mal aérées, peu éclairées, mal pavées, présentant des enfoncements où les urines séjournent et entrent en fermentation, donnent lieu à la production de gaz délétères que les animaux respirent, et qui occasionnent des maladies dont les cultivateurs ne soupçonnent guère l'origine.

Nous ne répéterons pas non plus tout ce que nous avons déjà dit à ce sujet pour le logement du cheval, en ce qui concerne les murs, les plafonds, les inclinaisons du sol, les crèches et les râteliers, les mêmes observations pouvant être faites ici ; nous dirons seulement que l'inclinaison du sol doit être peu prononcée pour les vaches portantes, et que leur râtelier doit être très espacé, pour permettre une facile préhension des aliments, et nous aborderons immédiatement des considérations plus spécialement applicables à cette espèce domestique.

Les gros ruminants et le cheval sont habituellement

logés dans un même bâtiment, sans doute afin de pouvoir surveiller et panser plus facilement ces animaux.

Cette habitude n'a pas un grand inconvénient dans notre pays, où la propriété est très divisée, et où les écuries ne renferment guère plus de 15 à 25 pièces de bétail à la fois.

Mais tient-on compte d'une bonne hygiène pour ces logements ?

L'espace donné à chaque animal est généralement insuffisant, les animaux sont trop serrés, exposés à se donner des coups de cornes, et les plus forts à manger la ration des plus faibles ; ils se gênent dans leurs couches, et quelques-uns sont contraints à passer debout des nuits entières. Nous aimerions à voir donner 1 mètre 50 centimètres de râtelier aux grands animaux, et 1 mètre aux plus petits ; pour les vaches laitières, 1 mètre 30 cent.; pour les animaux à l'engrais, 1 mètre 80 centimètres.

L'aération, disent certains zootechniciens, joue un grand rôle dans l'élevage de l'espèce bovine ; aussi allons-nous entrer dans quelques détails à ce sujet. Tandis qu'un air pur et beaucoup d'espace conviennent aux animaux jeunes et de travail, il faudrait aux vaches laitières et aux animaux à l'engrais un air plus chaud et plus humide, et beaucoup de repos, ce qui favoriserait le but que l'on désire atteindre, c'est-à-dire la production du lait et de la viande, car il est parfaitement démontré que moins la respiration est active, moins l'animal dépense de carbone et d'hydrogène, matériaux qui entrent plus particulièrement dans la composition de la graisse ; et au contraire, plus l'air est frais et sec, plus il contient, sous le même volume, d'oxygène, plus la respiration est active, plus il y a de carbone brûlé dans l'acte respiratoire, et d'enlevé à la formation de la graisse et du lait.

Pour une ferme bien tenue et où on se livrerait à l'élevage en même temps qu'à la fabrication du fromage et à l'engraissement, il faudrait diviser le logement en trois étables. L'une, parfaitement aérée, munie de portes convenablement disposées, de cheminées d'appel et de fenêtres nombreuses, que l'on fermerait plus ou moins à l'aide de volets à bascule, renfermerait les animaux de travail et les élèves. Une autre, moins aérée, un peu plus obscure, renfermerait les vaches laitières, qui seraient en outre nourries avec des aliments aqueux, et une troisième, placée loin du bruit, très peu aérée, très obscure, serait destinée aux animaux à l'engrais.

Pansage. Pendant la belle saison, quand même les animaux sont à l'étable, ils sont peu ou point pansés, tandis qu'en hiver, alors que le cultivateur dispose de plus de temps, ils le sont davantage; mais on ne saurait attacher trop d'importance à l'observation de cette condition hygiénique, car en tenant la peau des animaux propre, elle fonctionne bien et leur santé en éprouve une action favorable.

§ VI.

Industrie.

Reproduction et amélioration de l'espèce bovine. La reproduction de l'espèce se fait avec une moyenne de

64,000 vaches, qui donnent naissance à environ 45,000 élèves. Ces soixante et quelques mille vaches sont fécondées par 1,400 taureaux à peu près, ce qui fait une moyenne de 50 vaches par taureau-étalon.

L'accouplement, quoique étant bien mieux réglé qu'il y a cinquante ans, laisse cependant encore bien à désirer. Le taureau, à ce que l'on prétend, donne aux descendants autant d'aptitude que la vache pour l'engraissement ou pour le lait; par conséquent, en faisant l'acquisition d'un taureau, il faut non-seulement le choisir beau, mais aussi choisir celui qui proviendra d'une bonne vache laitière. Il doit avoir des membres fins, l'encolure forte, la tête expressive, les fesses bien musclées, les organes de la génération bien développés; il doit porter l'écusson et doit être bien conformé, car ce signe lactifère se retrouve aussi bien chez le taureau que chez la vache.

On emploie le taureau à la reproduction peut-être un peu trop tôt, car jeune il laisse des produits moins robustes, qui ont bien autant de dispositions à l'engraissement; mais la santé est, croyons-nous, une des premières conditions à rechercher chez un animal, et l'âge de quinze à dix-huit mois nous paraît être le moment avantageux de faire saillir le taureau.

Si quelques génisses peuvent recevoir le bœuf à l'âge d'un an, c'est évidemment l'exception, et c'est à tort que, dans le département, on les fait produire à cet âge. Aussi combien de vaches chétives, maigres et tellement difficiles à entretenir à leur premier vêlage, qu'elles deviennent une cause de pertes pour le cultivateur.

On ne devrait faire accoupler la génisse que quand elle est vigoureuse, qu'elle a acquis une bonne partie de sa taille et de sa croissance, afin que, quand elle donnera le jour à un veau, elle soit au moins âgée de deux ans et demi à trois ans.

Si la race bovine du département peut être classée comme bonne laitière, il n'en est pas tout à fait ainsi pour sa disposition à l'engraissement et pour la finesse de sa chair; aussi une amélioration est-elle bien urgente sous ce rapport.

On pourrait y arriver sûrement en choisissant dans la race les animaux les plus aptes pour cela, et, au moyen d'une sélection suivie et bien comprise, nous pourrions, tout en conservant à nos vaches laitières leurs bonnes dispositions à la lactation, donner à nos bœufs plus de propension pour l'engraissement, diminuer leur squelette et augmenter leur culotte.

Nos animaux acquièrent encore bien vite cet état que l'on appelle en terme de boucherie *être en viande ;* mais le fin gras est difficilement obtenu et, en outre, la fibre est un peu grossière; il faut donc s'attacher à perfectionner ces animaux sous ce point de vue, et à donner à la chair toute la saveur qu'elle possède dans les bonnes races d'engrais.

Le croisement de l'espèce bovine est beaucoup plus facile que celui du cheval et sujet à bien moins de déceptions; aussi devrions-nous essayer davantage de ce moyen. Un bon croisement, croyons-nous, de notre race bovine, ce serait celui qu'on ferait avec la race schwitz et la race fémeline. Ces animaux communiqueraient à ceux

9

du département plus de dispositions à s'engraisser, tout en leur conservant leur faculté lactifère, ces races étant déjà par elles-mêmes bonnes laitières ; mais nous ne conseillons ce moyen que comme secondaire, la sélection primant le croisement.

L'introduction de la race fribourgeoise Seignelegier n'est pas un grand perfectionnement, car ces animaux ne donnent abondamment qu'autant qu'on force en nourriture.

Quelques sujets Durham et hollandais ont été importés par quelques riches propriétaires dans le département, mais c'est en trop petit nombre pour qu'on puisse porter un jugement de beaucoup de valeur sur l'action et l'amélioration que ces animaux ont produites.

Bien des améliorations sont dues dans le département aux sociétés agricoles, tant pour leurs encouragements que pour l'introduction de taureaux améliorateurs de provenance suisse, et l'exemple donné par quelques riches propriétaires, qui ont déjà transformé et adopté les nouvelles méthodes culturales et les races perfectionnées. Nous sommes certainement arrivés déjà à de bons résultats ; espérons que le progrès ne s'arrêtera pas là et qu'il augmentera sans cesse.

Naissances et élevage de l'espèce bovine. La production de l'espèce bovine est la principale industrie agricole de notre département. On fait naître les veaux généralement en hiver, depuis le mois de novembre au mois de mars, et ceux qui élèvent ont surtout pour but, en agissant ainsi, d'avoir, lorsque le printemps arrive, des veaux sevrés et forts, qu'ils pourront envoyer dans des pâtis particuliers ou en commun avec le bétail plus âgé. En opérant pendant l'hiver, l'éleveur a en outre la facilité de pourvoir à l'approvisionnement de son étable quand les fruitières cessent, et d'utiliser ainsi bien avantageusement le lait de ses vaches.

Dès la naissance, les veaux sont séparés de leur mère et placés dans un coin de l'étable, généralement le plus chaud et le plus obscur. Les cultivateurs n'ont pas habituellement la coutume de faire téter les veaux ; ils suivent le plus souvent la méthode de l'allaitement artificiel. Lorsqu'on a eu soin de ne pas laisser téter le veau, on l'habitue facilement à boire dans la seille, en mettant ses doigts dans le lait pour simuler le pis de la vache. Le lait leur est distribué tout chaud, au sortir du pis, et en quantité convenable, selon la taille ou selon qu'on veut l'engraisser ou seulement l'élever.

Pendant trois semaines environ, les jeunes veaux ne reçoivent à peu près que du lait, mais à partir de cette époque on y ajoute des soupes, du thé de foin, de la farine de bonne qualité ; au fur et à mesure qu'ils grandissent, on leur donne moins de lait, en l'étendant d'eau et en y ajoutant du pain, de la farine, et aussitôt qu'ils commencent à ruminer, on leur fait manger un peu de bon foin.

Le sevrage s'opère donc petit à petit, et à l'âge de quatre ou cinq mois il est complet ; alors le veau est conduit à l'abreuvoir.

La méthode d'élever les veaux artificiellement est excellente, en ce sens qu'elle permet d'utiliser et de régulariser convenablement la distribution du lait.

Nos éleveurs attachent une grande importance au choix des animaux appelés à continuer l'approvisionnement de la ferme ; ils choisissent les plus beaux, tant sous le rapport des formes que sous celui de l'aptitude à acquérir un fort volume, et aussitôt que, dans sa croissance, le veau semble ne pas répondre au goût du fermier, il est livré à la boucherie. Les robes pie, rouge ou froment, sont celles qui obtiennent la préférence, et généralement ceux qui ont une autre robe, ou qui paraissent rester petits et chétifs, sont engraissés et livrés à la boucherie.

Le jeune veau par l'allaitement artificiel est exposé aux diarrhées, résultant le plus souvent du lait donné irrégulièrement ou en trop grande quantité, ou encore de l'addition de substances trop difficiles à digérer par des estomacs aussi délicats.

Il est facile d'y remédier en diminuant la ration et en y ajoutant quelques adoucissants et tempérants. Il existe aussi des médicaments efficaces et sûrs pour arrêter ces diarrhées rebelles et épuisantes pour les veaux ; les propriétaires feront donc bien de consulter le vétérinaire dans ces cas-là.

§ V.

Fromageries.

La race bovine de notre pays étant bonne laitière, on a pensé à utiliser en grand ce produit; aussi la fabrication du fromage dit de *Gruyère* est-elle très ancienne et a-t-elle pris une extension considérable dans le département. On fabrique encore un autre fromage dit *chevret*, mais en petite quantité. Dans les grandes exploitations, les fermiers le font seuls, tandis que dans les localités où la propriété est très divisée, on a cherché à faire profiter les petits cultivateurs des avantages immenses que donne cette industrie ; aussi est-ce dans les montagnes du Doubs que les premières sociétés de fromagerie se sont organisées, sous le nom de fruitières.

Ces sociétés sont tellement importantes et les lois si peu explicites sur ce genre d'organisation, que le conseil général du Doubs a songé, en 1865, à fixer dans le nouveau code la situation des associations de fromagerie, et, ensuite de ses instances, une commission composée d'hommes éminents a été instituée ; voici, sous forme de dispositions législatives, quelles ont été les conclusions de cette commission, dans sa séance du 23 août 1865 :

« Art. 1ᵉʳ. Les associations fromagères ou fruitières établies dans les départements de l'Est pour la fabrication des fromages dits de *Gruyère*, sont des sociétés civiles et d'une nature spéciale.

» Elles se constituent avec ou sans écrit, sont représentées vis-à-vis des tiers et en justice par leurs gérants, et peuvent être prouvées par témoins.

» Art. 2. Il est défendu de déroger par des conventions particulières aux usages énumérés ci-après, et qui doivent être considérés comme essentiels aux sociétés de cette nature.

» 1° Dans les localités des hautes montagnes où, pour l'exploitation des terres, la nécessité a fait établir et maintient des fromageries dans l'intérêt de la généralité des habitants, chacun d'eux a droit de faire partie de l'association.

» 2° Dans celles des localités ci-dessus déterminées où il existe plusieurs fromageries divisées par circonscriptions ou quartiers, l'habitant d'un quartier ne peut, sans cause grave, passer en aucun temps dans la fromagerie d'une autre circonscription.

» 3° La société se proroge tacitement et de fait chaque année. Tout associé a la faculté de se retirer à la fin de la campagne.

» 4° Le décès ou la retraite de l'un des associés ne met pas fin à l'association. L'associé qui, pour quelque cause que ce soit, se retire ou est exclu, perd tous ses droits à la propriété du chalet et du mobilier d'exploitation. S'il rentre ultérieurement dans l'association, il n'a plus à payer une contribution nouvelle pour le fonds commun.

» 5° La licitation ou le partage du chalet et du mobilier d'exploitation ne peuvent être provoqués par aucun des intéressés tant qu'il existe un nombre suffisant d'associés faisant fruitière.

» 6° Les altérations du lait et autres fraudes dans l'exécution des engagements sociaux peuvent entraîner, en outre des dommages et intérêts, l'exclusion temporaire et même définitive, suivant les cas. »

La *fruitière* ou *fromagerie* se compose de quatre pièces, savoir :

1° La laiterie, qui doit être munie de tablettes pour les vases à lait ;

2° Une pièce pour la fabrication du fromage ;

3° Un saloir ;

4° Le magasin où sont placés les fromages jusqu'à ce qu'ils soient bons à être vendus.

Pour fabriquer le *gruyère*, il faut un nombre de vaches assez considérable, généralement de 30 à 100. Or, comme la plupart des habitants de la montagne ne possèdent qu'un nombre restreint de vaches, l'association se compose habituellement d'un nombre de 30 à 60 associés.

Ces *associations* ou *fruitières* sont régies par un *droit commun*. Dès l'origine, l'organisation en était fort élémentaire. Chaque associé devait à son tour faire le fromage. Au jour fixé pour l'un d'eux, tous les autres lui apportaient, à titre de prêt réciproque, le lait de leurs vaches ; il devenait ainsi leur débiteur d'une quantité de lait, qu'il leur rendait successivement. Ce système s'est plus tard simplifié. Les associations ont construit ou loué des chalets, dans lesquels un fromager, préposé à la fabrication, sous la surveillance de gérants délégués, reçoit chaque jour le lait de tous les sociétaires, fabrique le fromage pour chacun à tour de rôle, l'emmagasine et le soigne, dans un local bien approprié, jusqu'à la vente. Dans cet état de choses, le produit fabriqué n'appartient pas à l'association, il reste la propriété individuelle du sociétaire pour lequel il a été fabriqué, et qui dispose immédiatement des produits accessoires de la fabrication, crème, beurre et céret. C'est du moins ce qui se passe encore dans un grand nombre de localités. Mais le système suisse, qui rend l'association propriétaire du lait dès qu'il est arrivé à la fruitière, et de tous les produits qui résultent de la fabrication, système qui paraît plus rationnel et pratiquement préférable, tend depuis quelques années à se substituer au mode précédemment suivi ; il est adopté dans les fromageries nouvelles.

La gestion, la comptabilité et la surveillance de la fruitière sont confiées à des chefs nommés par l'association, qui, le plus souvent, n'ont aucune espèce de convention écrite ; la société n'existe que de fait et se proroge ou cesse tacitement, comme nous l'avons dit ; la base de ces associations repose sur un droit coutumier en dehors de toute jurisprudence reçue. C'est sur une confiance réciproque et sur la bonne foi de chacun qu'elles sont fondées.

La fabrication du fromage est confiée à un fruitier qui, autrefois, était presque toujours un Fribourgeois et qui, aujourd'hui, est le plus souvent un homme du pays. A lui incombe aussi une comptabilité qui est généralement très simple ; chaque membre de l'association a une règle sur laquelle le fruitier, au moyen d'entailles, marque le nombre de pots de lait qui lui ont été livrés, c'est ce qu'on appelle la *taille de bois*. Dans beaucoup de fruitières, on a substitué à cet usage rustique le *livret*, où l'apport et le rendement de chaque sociétaire sont inscrits.

Des bourses fromagères, analogues à celles de la Suisse, se tiennent dans plusieurs localités, comme à Mouthe, à Jougne, à Nozeroy.

Outre le fromage, la fruitière fournit encore le *céret*, le *petit lait* et le beurre.

Le *céret* ou *laitier* est le caillé d'une seconde opération que l'on fait subir au petit lait. Ce caillé est rassemblé en une petite meule, comme le fromage, qu'on sale et qu'on laisse fermenter, et sert à la nourriture du ménage; ou bien ce caillé est distribué, avec un peu de petit lait, à tous les associés, sert journellement à leur entretien et remplace le lait.

En outre, le clair ou résidu est employé à la nourriture des cochons.

Beurre. La conservation de la crème exige beaucoup de soins et de propreté, pour que le beurre soit de bonne qualité. Il ne faut pas non plus que la crème soit trop vieille, sans quoi le beurre prend un goût aigre.

Le beurre se fabrique de deux manières, selon la plus ou moins grande quantité de crème que l'on a à sa disposition.

Dans les petits ménages, on opère en battant la crème dans des barattes coniques ayant, en moyenne, 65 centimètres de haut et 15 à 20 centimètres de diamètre, munies d'un pilon percé de trous.

Ce système exige beaucoup de temps et fatigue beaucoup la personne qui met en mouvement la baratte.

On emploie aujourd'hui, dans les associations fromagères et chez les gros cultivateurs, des barattes perfectionnées, consistant en un instrument ayant la forme d'un baril plus ou moins grand, dans lequel est adapté un appareil analogue aux ailes d'un moulin à *vanner* le blé, et dont les planchettes sont situées à quelques centimètres de l'axe central servant à manœuvrer l'instrument. Une portière assez grande permet l'extraction facile du beurre.

Pour fabriquer le beurre, il faut beaucoup d'uniformité dans l'action du pilon et, en outre, une température modérée, environ 18° au-dessus de zéro ; souvent, en hiver, il faut chauffer la baratte en l'entourant d'un linge mouillé d'eau chaude.

Notre industrie fromagère a reçu une atteinte assez grande par suite du traité de commerce conclu avec la Suisse et inauguré le 1ᵉʳ juillet 1865. Par suite de ce traité, l'introduction des fromages en France a été plus grande ; les moyens de fabrication étant plus favorables en Suisse que chez nous, ce pays peut livrer à plus bas prix ; c'est en effet ce qui est arrivé, et il en est résulté une baisse moyenne de 15 pour 0/0 sur nos fromages. Cependant le prix paraît encore assez rémunérateur pour cette industrie lucrative, et en 1869-70 une hausse sérieuse a lieu.

Voici d'ailleurs, pour mettre en évidence les résultats du traité, les quantités de fromage suisse admises sur le territoire depuis 1861 :

	Kilogrammes.
En 1861	972,916
1862	826,645
1863	640,540
1864	890,608
1865 (sous le régime du libre échange)	2,247,500
1866	5,670.300
1867	7,756,500
1868	6,539,400

La Suisse aurait augmenté l'introduction de ses fromages en France, dans l'espace de ces deux dernières années, d'environ 1 million de kilogrammes, représentant en argent une valeur de 1 million 500,000 francs ; ce chiffre parle assez éloquemment de l'effet du libre échange sur cette denrée.

Nous donnons, d'autre part, la statistique des entrées en France par les frontières du Doubs, que M. le comte de Turenne a indiquée dans un rapport sur l'état actuel de l'industrie fromagère de notre contrée, adressé à la Société des Agriculteurs de France en 1869-70.

Nous ne savons à quelle source M. le comte de Turenne a puisé ses chiffres, qui diffèrent sensiblement des nôtres, empruntés à M. Paul Laurens.

	Kilogrammes.		Francs.
1862	826,645	valant en argent	64,704
1865 (sous le régime du libre échange)	2,247,527		841,757
1866	2,830,000		1,048,296
1867	4,931,000		1,702,546
1868	3,780,000		1,028,660
1869	2,279,000		677,519

D'après l'enquête opérée en 1865 sur la demande de la Société d'agriculture du Doubs, le département posséderait environ 520 fruitières(1), alimentées par 37,341 vaches laitières et donnant une quantité de 4,977,771 kilogr. de fromage, valant en moyenne 55 francs les 50 kilogr., ce qui donne en argent un total de 5,475,548 francs. Si on ajoute à ce chiffre la valeur du beurre, qui peut être évaluée à une moyenne de 7 kilogrammes par jour et par

(1) En 1869, nous possédons 640 établissements, qui fabriquent 5,500,000 kilogrammes à 65 francs les 50 kilogrammes, ce qui donne le chiffre de 7,150,000 francs.

fruitière, ou ensemble 3,640 kilogrammes, à 2 francs le kilogramme, on obtient un chiffre de 7,380 francs journellement, et pour l'année de fabrication une somme de 1,800,000 francs.

En faisant le dénombrement de ces chiffres, nous trouvons qu'une vache produit en moyenne 134 kilogrammes de fromage, et, comme il faut environ 12 litres de lait pour 1 kilogramme de fromage, nous arrivons à dire que nos vaches fournissent en moyenne 4 litres 1/4 de lait par jour. Nous trouvons cette quantité bien minime, et il doit évidemment y avoir chez un grand nombre de cultivateurs une mauvaise gestion et un mauvais choix des vaches laitières, car dans les fruitières bien tenues, où l'on choisit les vaches avec soin, on obtient un rendement plus considérable. Nous estimons que, dans une fruitière bien dirigée, les vaches fraîches donnent en moyenne par jour, pendant les quatre premiers mois du vélage, 12 litres de lait, ce qui donne un total de 1,440 litres, et pendant les six autres mois environ 7 litres journellement, total 1,260 litres, ce qui fait pour la saison de la lactation, qu'on peut porter à dix mois, une quantité de 2,700 litres et une moyenne journalière de 9 litres.

Nous croyons donc que si les vaches étaient bien choisies dans les espèces que nous possédons, elles donneraient, en moyenne, 8 à 9 litres de lait par jour pendant dix mois de l'année.

Si nous nous reportons à des époques antérieures à 1866, nous verrons que notre industrie fromagère s'est sensiblement accrue ; ainsi :

En 1841, nous ne produisions que   3,453,736 kilogr.
   1846   3,603,000
   1850   4,479,000
   1854   4,835,000
   1859   4,810,938
   1865   4,977,771
   1869   5,500,000

Les 4,977,771 kilogrammes, en 1865, se répartissent comme il suit par arrondissement :

Besançon . .	10,879 vaches donnant	1,573,612 kilogr.
Baume . .	5,370	627,607
Montbéliard .	3,020	367,768
Pontarlier .	18,072	2,408,784
Total . .	37,341	4,977,771

C'est dans la *plaine* que la production fromagère s'est le plus développée, pour se restreindre dans la moyenne et la haute montagne depuis 1859. On doit surtout citer les cantons d'Audeux, de Baume, de Clerval et de l'Isle, comme ayant le plus participé à ce mouvement de progrès. (Extrait des *Annuaires* de M. Paul Laurens.)

Engraissement. L'engraissement n'a rien de bien particulier dans le département du Doubs.

Lorsque l'engraissement s'opère à l'écurie, on ajoute à la ration du meilleur foin de la ferme une ration de tourteaux et des farineux, ce qui avance et aide beaucoup la production de la graisse ; ce système est employé seulement en hiver dans la haute et la moyenne montagne, et il est suivi dans la plaine toute l'année. Ici on a, en outre, des racines fourragères à ajouter à la ration ; ce qui est très important, car ces denrées préviennent les échauffements et les embarras de la panse qui arrivent fréquemment en hiver, lorsqu'on ne peut donner que des aliments secs au bétail.

Dans la haute montagne surtout et la moyenne, les pâturages sont tellement bons, les herbes sont tellement succulentes et nutritives, que l'engraissement se fait en été dans les pâturages, sans addition de rations supplémentaires.

Les engraisseurs de la haute montagne vont même dans la moyenne montagne et la plaine chercher des bœufs déjà bien en viande, pour les finer dans les pâturages du plateau de la première zone.

L'engraissement se commence généralement sur des bœufs ayant atteint l'âge de cinq ans, et sur les vaches à un âge encore plus avancé. Mais il y a une grande tendance maintenant à livrer les animaux jeunes à la boucherie : ce procédé, qui enlève de la saveur à la viande, est très lucratif pour l'éleveur. Il arrive fréquemment, chez les cultivateurs soigneux, que les bœufs à l'âge de trois ans sont assez en viande pour arriver à l'étal. Ce ne sont certes pas des bœufs fins gras, mais tous les engraisseurs savent très bien que ce n'est pas en les poussant jusqu'à l'obésité complète qu'on trouve le plus de bénéfices.

Il est difficile de savoir au juste la quantité de bétail engraissé dans le département, ainsi que la quantité qui s'y consomme. Pour la seule ville de Besançon, on compte, tant en bœufs qu'en vaches et veaux abattus, au moins 13,000 têtes. N'ayant pas de données certaines pour les autres localités, nous croyons cependant pouvoir estimer la consommation à environ 10,000 têtes, ce qui porte la consommation générale du département à environ 23,000 pièces.

Le poids moyen d'un bœuf gras est d'environ 400 kilogrammes ; sa valeur est de 70 à 75 francs les 50 kilogrammes en quartiers.

Celui d'une vache est de 250 kilogrammes , et sa valeur de 65 francs les 50 kilogrammes en quartiers.

Le poids moyen d'un veau est de 50 à 100 kilogrammes, vivant ; il vaut de 35 à 80 francs.

§ VI.

Maladies les plus communes.

Les maladies épizootiques et enzootiques sont rares dans le département ; nous n'avons que peu de fermes où le bétail soit sujet à des maladies susceptibles de se reproduire à certaines époques ; nous n'avons non plus que rarement des maladies contagieuses. Ce sont donc des maladies sporadiques qu'on observe le plus fréquemment, et principalement :

1° *Les indigestions.* Sans contredit, ce sont les maladies les plus fréquentes, mais elles sont généralement peu graves, surtout si on les soigne dès le début.

2° *Pissement de sang. Hématurie.* L'hématurie est commune, mais elle l'est bien moins qu'il y a quelques années ; nous attribuons cette diminution à de plus grands soins et à la meilleure nourriture que les animaux reçoivent pendant l'hiver. Cette affection n'est généralement pas grave lorsqu'elle est traitée avec intelligence.

3° *Entérites.* Les inflammations intestinales sont fréquentes, surtout dans certaines années au printemps, lorsqu'on met le bétail aux champs. Traitées à temps, ces maladies sont rarement mortelles.

4° *Pneumonie et péripneumonie.* Ces inflammations sont communes quand on met en pâture et que les pluies sont abondantes. Traitées à temps, elles se guérissent assez bien. La péripneumonie contagieuse est rare maintenant dans le département.

5° *Coryza gangréneux.* Le coryza gangréneux compliqué d'encéphalite ou de méningite est très commun et à peu près toujours incurable.

6° *Fièvre aphtheuse.* Cette maladie contagieuse est rare, mais il est regrettable que les autorités ne prennent pas, aussitôt sa déclaration, les mesures de police sanitaire indiquées. On arrêterait ainsi une maladie qui produit parfois de grandes pertes aux cultivateurs, sinon par la mort des animaux, au moins par la diminution de leurs produits et de leur travail.

7° *Charbon, fièvre charbonneuse.* Ces affections contagieuses sont assez rares heureusement, car elles sont le plus souvent incurables et nécessitent l'application de mesures de police sanitaire très onéreuses ; souvent même les autorités locales s'y opposent malgré les peines qu'elles encourent.

8° *Avortements.* Les avortements sont quelquefois très communs et se montrent presque à l'état épizootique. Les causes restent le plus souvent inconnues , vu la difficulté que les hommes compétents ont de recueillir quelques renseignements propres à éclairer la question.

9° *Arthrites des veaux, vulgairement mal de jointes.* Cette maladie est fréquente sur les veaux dans le jeune âge, et il vaut mieux livrer à la boucherie les animaux qui en sont atteints que de les traiter.

10° *Maladies consécutives au vélage.* Les maladies à la suite du part sont relativement rares chez la vache. Elles ont aussi une gravité qui nécessite l'emploi de soins intelligents et prompts lorsqu'elles se déclarent.

CHAPITRE IV.

ESPÈCE OVINE.

§ Ier.

Historique et statistique.

Le mouton domestique est issu du mouflon d'Europe, animal si agile et si rustique, qu'on le voit sur les angles aigus des rochers des montagnes de la Corse, de la Sardaigne et de l'Espagne, franchir avec la rapidité de l'éclair et d'un seul bond des distances considérables.

L'homme a tellement imprimé sa puissance sur cet être si vif et a tellement modifié ses allures, son intelligence, qu'on serait tenté au premier abord de douter de l'origine de notre mouton domestique, qui est si timide et qui offre si peu de résistance à ses ennemis, qu'on se demande s'il pourrait réellement se suffire étant livré à lui-même.

Le mouton est sans contredit un des animaux les plus précieux dont l'homme ait fait la conquête. Cet animal, symbole de la douceur, nous donne, pendant sa vie, sa toison, son lait, son fumier, et, après sa mort, sa chair, sa peau, son suif et ses os.

L'économie du mouton, dans notre département, est cependant une industrie tout à fait secondaire et négligée. A très peu d'exceptions près, il n'existe pas ou peu de troupeaux ; chaque cultivateur en élève seulement quelques-uns qui lui fournissent leur laine pour l'habillement de la famille et sont ensuite, à un âge plus ou moins avancé, livrés à la boucherie.

Les moutons qui existent dans le département n'appartiennent pas à une variété unique et bien caractérisée. Ils sont généralement très disparates : les uns sont petits, chétifs, à laine courte et rude, un peu frisée, le plus souvent blanche, quelquefois noire ou jaune-marron ; ils donnent une chair fine et de bonne qualité. D'autres, à ossature plus accentuée, ayant un corps plus développé, une tête plus forte, les oreilles longues et pendantes, ressemblent un peu à la race picarde.

Nous ne devons pas omettre la citation d'un troupeau de moutons mérinos (tant par le nombre que par la qualité des bêtes), existant à la ferme de Montchevy, près de Montbéliard, composé de près de 350 têtes, et qui a été perfectionné par des béliers anglo-mérinos provenant des bergeries impériales des Vosges. Le fermier fait des sacrifices et se livre avec intelligence à la conservation de son troupeau, en gardant toujours pour la reproduction trois ou quatre des plus beaux béliers de la race. Ces animaux portent une belle laine, bien tassée, et fournissent une bonne viande de boucherie. (Citation de M. le pasteur Wetzel.)

Statistique.

En 1828, le département comptait pour

l'arrondissement de Besançon,	34,000	moutons.
— Baume,	39,500	
— Montbéliard,	19,200	
— Pontarlier,	6,000	
Total,	98,700	moutons.

En 1852, le département possédait 77,000 têtes.

En 1862, le département possédait 67,000 têtes.

Et en 1866, le département posédait 65,000 têtes, valant 10 fr. chacune, qui nous donnent une somme de 650,000 fr. pour cette espèce.

Comme on peut en juger par l'exposé ci-dessus, nous n'aurions pas fait de progrès dans l'augmentation et le perfectionnement des bêtes à laine depuis 1828 ; au contraire, dans une période de quarante ans, notre effectif aurait diminué de 32,700 pièces. On attribue généralement ce résultat à la suppression des jachères et à la mise en culture des terrains communaux.

Il est bien regrettable, malgré tout, que cette branche de notre agriculture soit aussi peu appréciée, car il y a de grands bénéfices dans l'élevage du mouton. Animal dépensant peu, s'entretenant souvent avec des choses dont on ne tirerait aucun parti, il n'expose pas le propriétaire à de grandes pertes, vu la division du capital de roulement sur un grand nombre de têtes, il donne le bien-être et l'aisance à une foule de ménages qui seraient dans la misère sans cette ressource.

Chaque famille élève, selon l'étendue de ses terres et comme un produit accessoire de la ferme , deux , trois , huit, dix moutons, qui fournissent au ménage leur toison pour fabriquer une étoffe d'habillement, appelée *droguet* ou *mi-laine*. Cette étoffe est confectionnée le plus souvent à temps perdu, par la mère de famille ou une des filles, et souvent encore cette étoffe est transformée en habits par les gens de la maison, ce qui ne laisse pas que d'être très économique pour les pauvres cultivateurs

qui sont , selon l'expression connue , *souvent brouil-
lés avec la monnaie*. Avec le progrès du temps, le goût du
luxe s'est aussi répandu dans nos contrées, et l'habillement entier des habitants de nos montagnes, qui était
jadis exclusivement fait avec cette étoffe pour l'hiver, est
remplacé par le drap, qui a pris droit de cité; le droguet
se trouve relégué au second rang.

On n'emploie pas, que nous sachions, dans le département, le lait à la fabrication du fromage très renommé
dit de Roquefort.

Production et commerce. Le département est loin de
produire tous les moutons nécessaires à la consommation
des habitants; aussi va-t-on en chercher beaucoup dans
les pays voisins, en Alsace et en Suisse principalement.

Le commerce qui se fait de ces animaux dans le Doubs
est donc un trafic de particulier à particulier, d'alimentation ou d'approvisionnement. A peu près tout ce qui
y naît et s'y importe y est consommé.

§ II.

Régime suivi.

Les animaux de l'espèce ovine sont généralement élevés avec parcimonie. Il est vrai que ces animaux se con-
tentent de peu, pourvu que la nourriture soit de bonne
qualité. Ils craignent beaucoup les aliments trop aqueux.

L'élevage se fait, dans notre pays, à la bergerie pendant
l'hiver, et dans les champs pendant l'été et les beaux
jours.

En hiver, ces animaux sont habituellement logés dans

le coin le plus obscur et le plus inutile de l'écurie, en
commun avec les chevaux et les bœufs. Un seul compartiment renferme mères brebis, agneaux, béliers et moutons. Ils reçoivent le plus souvent une nourriture composée du plus mauvais foin avec un peu de paille. A peu
près tous les cultivateurs récoltent en automne la feuille
du frêne, du charme, de la vigne , pour l'hivernage des
bêtes à laine. Les cultivateurs qui veulent les engraisser
promptement ajoutent à cette nourriture des provendes
composées de graines de fleurs de foin avec du sel, mé-
langées quelquefois avec des tourteaux ou *quequelins*.

La connaissance de la ration d'entretien pour un mouton n'est sans doute pas sans importance, et, d'après les
expériences qui ont été faites, on a reconnu qu'il faut à
un mouton pour son entretien 35 à 40 grammes de luzerne sèche, ou son équivalent, pour chaque kilogramme
de poids vif, ou en moyenne 1 kilogramme de bon foin
pour entretenir un mouton pendant vingt-quatre heures.

Contrairement à ce qui se fait, les moutons devraient
recevoir une nourriture de bonne qualité, composée de
plantes minces et faciles à mâcher, le regain par exemple,
le petit foin maigre des graminées. Les racines fourragères et surtout la carotte devraient aussi leur être données pendant l'hiver, car, comme pour l'espèce bovine,
il leur faut des aliments aqueux ; moins que les autres
animaux, ils ont besoin d'eau , mais il faut cependant en
mettre tous les jours à leur disposition, et, s'ils sont pré-
disposés à la cachexie aqueuse, il serait bon de leur donner de l'eau ferrée. Le sel convient bien aussi aux moutons, et dans quelques bergeries on fixe même à leur

proximité des morceaux de sel gemme que ces animaux lèchent de temps en temps, ce qui facilite la digestion et excite l'appétit.

Les bêtes à laine reçoivent leur nourriture dans une crèche ou un râtelier, mais souvent cette partie du logement est incomplétement établie; quelques propriétaires peu soigneux ne leur en fournissent même pas, c'est dans un coin de la bergerie, sur le fumier, que sont déposés les aliments.

Le râtelier et la crèche doivent être disposés de manière qu'ils ne soient ni trop élevés ni trop bas, afin que les animaux puissent prendre facilement leur nourriture. Le râtelier ne doit pas être non plus trop incliné, ce qui serait une cause de détérioration pour la laine par la poussière et les brins de fourrages qui viendraient la souiller.

La crèche doit exister, et c'est peut-être la partie principale pour bien alimenter les moutons; elle peut remplacer le râtelier. Elle doit être disposée sous le râtelier, de manière que la graine et la fleur du foin y tombent et que les animaux puissent les ramasser.

On tient généralement peu de compte de la manière dont s'ouvre la porte de la bergerie; cependant cette simple observation a son importance, car si la porte s'ouvre dans l'intérieur, on éprouve souvent une grande résistance, attendu que les animaux viennent s'y entasser pour sortir, ce qui expose les mères aux avortements et les agneaux à être bousculés. La porte doit donc toujours s'ouvrir en dehors.

L'air et le jour manquent le plus souvent à ces animaux. Cependant le mouton étant par sa nature disposé aux maladies lymphatiques, il suffit de savoir que le défaut de lumière et d'aération y prédispose encore , pour comprendre qu'il faut aux moutons un air pur et un jour suffisant.

Un espace assez grand doit aussi leur être accordé; on l'estime en moyenne à 2 mètres de superficie, et de 30 à 40 centimètres au râtelier pour un mouton.

Si on voulait construire une bergerie modèle, voici, d'après M. Bella, qui en a construit une à Grignon, la distribution qu'on pourrait adopter. Les deux extrémités du local sont formées de murs pleins formant pignons, et dans lesquels sont pratiquées deux portes charretières. Les deux faces latérales présentent deux rangs de pilastres en maçonnerie brute destinés, concurremment avec deux rangs de poteaux en bois, à supporter la couverture. Les espaces, de 2 mètres 80 centimètres de largeur, compris entre les pilastres, sont, jusqu'à 1 mètre 30 centimètres de hauteur, remplis de petits murs dans lesquels les portes sont ménagées. Puis, du sommet de ces petits murs à la toiture, on rencontre de simples châssis que l'on recouvre de paillassons, ceux du nord en hiver, ceux du midi en été. En outre, ce bâtiment, dont la hauteur est de 3 mètres 55 centimètres, est divisé en compartiments à l'aide de râteliers doubles, allant d'un pilastre de droite à son correspondant de gauche.

On a assez la coutume de laisser séjourner les fumiers dans les bergeries pendant tout l'hiver. Cette méthode n'aurait pas un grand inconvénient si elles étaient bien aérées et qu'il y eût des cheminées d'appel combinées avec des barbacanes, permettant un renouvellement convenable de l'air vicié par les émanations continuelles du fumier en fermentation ; elle a, par contre, l'avantage de faire un fumier de première qualité, qui sert à la culture de plantes très précieuses et très difficiles sur les terrains et les fumiers, le chanvre par exemple.

Pendant la belle saison, ces animaux sont conduits, sous la direction d'un berger, sur les pâturages communs les plus improductifs qui existent dans la localité ; mais depuis 1848, par suite de la mise en culture de tous les parcours communaux, l'élevage des moutons se trouve supprimé dans ces localités.

Le berger, à peu près toujours, ne réunit aucune des conditions nécessaires à un bon gardien de troupeaux. Le plus souvent, c'est un enfant inexpérimenté auquel est confiée la conduite de ces animaux, et tout le monde sait à quelles courses et à quels tourments sont exposés ces êtres si paisibles, avec un gardien aussi peu prévoyant. Cependant l'espèce ovine demande à être conduite avec douceur et intelligence pour profiter des pâturages.

Les parties les plus improductives d'une commune, disons-nous, ou d'une ferme, sont les lieux réservés au pacage des moutons. Dans la plaine, où l'on suit l'assolement triennal ou alterne, on les conduit aussi sur les chaumes. Les pâturages secs, produisant des herbes fines, quoique peu abondantes, sont ceux qui conviennent le mieux aux moutons, qui craignent beaucoup les terrains humides et une trop abondante et succulente nourriture ; aussi combien de troupeaux contractent la pourriture ou cachexie aqueuse, en allant paître sur des terrains marécageux, humides ! le propriétaire, qui n'en connaît pas la cause, l'attribue souvent à des agents bien innocents.

On ne fait pas parquer les bêtes à laine dans notre département, comme cela se pratique dans la Beauce, dans l'Allier, etc. Ces animaux sont rentrés tous les soirs à la maison du maître, et tous les jours à midi, quand le soleil est trop chaud. Cela est très important, car, étant très sensibles à l'action des rayons solaires, ils se rassemblent en groupe la tête baissée et en reçoivent les ardeurs sur le crâne ; si on les y laissait exposés, ils contracteraient des coups de sang mortels, ou bien tout au moins souffriraient et maigriraient. On ne doit pas faire pâturer pendant la rosée ; elle nuit aussi aux moutons.

On doit conduire les moutons aux pâturages par les chemins les moins poudreux ; ces animaux, marchant la tête baissée, respirent de la poussière, qui leur occasionne le coryza.

Engraissement. Il est de toute justice de mentionner qu'il existe quelques propriétaires qui font de l'élevage du mouton une spéculation très lucrative. Ces animaux sont entourés de plus de soins. A la bergerie, on leur donne une ration de foin de bonne qualité et un supplément consistant en une provende de grains et de fleurs de foin avec du sel, à laquelle on ajoute quelquefois des tourteaux et même de l'avoine ; alors ils engraissent vite et procurent de beaux bénéfices. Pendant l'été, dans la haute montagne et la moyenne, ils sont conduits dans des pâturages produisant des herbes fines et nutritives, et reçoivent même une addition de rations et des provendes. Ils sont placés généralement sans berger dans une enceinte fermée par une haie vive ou sèche; on y établit une loge, où ils peuvent s'abriter des rayons du soleil et du mauvais temps, et un réservoir d'eau pour étancher leur soif.

Voilà le système d'engraissement suivi par quelques propriétaires; mais le plus communément, cette industrie fait l'objet de bien peu de soins particuliers; l'éleveur se contente de donner un peu de meilleur foin en hiver et un peu à lécher.

Le poids moyen d'un mouton élevé dans le pays, à un an, est de 20 kilogrammes; il vaut 10 francs. Engraissé, il pèse en moyenne 35 kilogrammes et vaut 20 francs. La viande à l'étal se vend 60 à 65 centimes le demi-kilogramme.

Tonte. Avant d'opérer la tonte des moutons, on leur fait subir une préparation préalable, c'est-à-dire un lavage à dos. Il s'opère par un temps chaud dans un cuveau avec de l'eau tiède. La tonte se pratique généralement deux fois dans l'année, au printemps et en automne; il faut, autant que possible, choisir des jours pas trop froids, afin que ces animaux ne soient pas trop impressionnés par une température basse.

Nous n'entrerons pas dans de grandes considérations au sujet de la tonte annuelle simple ou double; nous dirons seulement que nous croyons la tonte annuelle double plus productive et plus avantageuse pour le cultivateur que la tonte simple.

Elevage des animaux de l'espèce ovine. Un bon choix

des reproducteurs dans l'espèce ovine n'est pas moins important que dans les autres espèces animales, et, malgré tous les avantages que cette industrie procure, elle est reléguée au dernier degré de l'échelle. Ce n'est le plus habituellement que les plus pauvres cultivateurs qui en font l'élevage et qui les nourrissent avec une parcimonie vraiment piteuse.

Le mâle mérite toute l'attention de l'éleveur : il doit être fort, vigoureux, avoir la conjonctive rosée, marcher à la tête du troupeau. Sa toison doit être fournie, longue et fine, car c'est par lui que se transmet cette qualité.

Est-ce bien ce que l'on remarque dans notre département ? Evidemment non. Le bélier est un instrument de fécondation, ni plus ni moins ; il est gardé au hasard parmi le nombre des agneaux, et c'est peut-être le plus mauvais, le plus chétif, celui, dit-on, qu'il y a le moins de perte à laisser entier, qui est réservé pour la lutte ; peu de propriétaires en conservent même, et les mères brebis de ceux qui n'en ont point sont fécondées dans les pacages par le bélier du voisin.

Le bélier est très prolifique ; on estime qu'il faut environ trois béliers pour un troupeau de cent brebis. Il y a avantage à ce qu'il y ait peu de mâles dans un troupeau, car autrement ils se livrent des combats, se mettent tous après la brebis en chaleur, la fatiguent, l'épuisent et peuvent, dans certains cas, causer des avortements sur les brebis portantes.

A l'époque de l'agnelage, les mères brebis ne sont entourées d'aucuns soins. Elles ne sont pas séparées du reste du troupeau ; cela a peu d'inconvénients lorsqu'on garde ensemble seulement quatre ou cinq moutons, comme cela se fait habituellement dans le pays ; mais lorsque le troupeau est nombreux, il faut séparer les mères quelques jours avant la mise bas et leur donner un supplément de nourriture ; on évite de cette manière aux nouveau-nés le danger d'être écrasés par les autres.

Quelquefois les mères primipares ne veulent pas souffrir et laisser téter leur agneau ; alors il suffit le plus souvent de leur présenter un chien, ce moyen développe l'instinct de la maternité et fait adopter immédiatement le petit être. En été, les petits agneaux suivent aux pâturages leur mère dès les premiers jours de la naissance ; il arrive souvent même que l'accouchement a lieu dans les champs. Lorsque le troupeau est conduit avec intelligence, que la marche n'est pas forcée, que le berger évite de les laisser mouiller, il n'y a point d'inconvé nients.

Le sevrage se fait naturellement par la cessation de la sécrétion lactée chez la mère ; mais il n'est pas rare aussi de voir les agneaux téter encore quand la mère est prête à mettre bas.

La castration des mâles se fait à peu près toujours dans le bas âge, d'un mois à deux mois, par l'ablation des testicules ; ce procédé est très bon ; à cet âge les animaux souffrent peu et ils sont plus disposés à s'engraisser ; en outre, la laine acquiert plus de finesse. Lorsque, par suite d'incurie du propriétaire, les animaux arrivent à l'âge de six mois ou d'un an sans être castrés, ou qu'il s'agit de béliers, cette opération se fait à l'aide de la ficelle et par la ligature totale du scrotum et des testicules: ce procédé est vicieux, très douloureux, et il en périt beaucoup. Cette méthode est appelée fouettage. Le bistournage, qui n'est presque pas employé dans notre pays, est le système le plus pratique, le moins douloureux et le moins dangereux pour les béliers ; il nous arrive souvent d'employer cette méthode de castration dans les fermes où nous sommes appelé, et toujours avec succès et sans accident.

Une précaution essentielle après la castration, c'est d'avoir bien soin de ne pas laisser mouiller l'opéré. C'est surtout pour cette espèce que le tétanos est fréquent après la castration, lorsque l'animal éprouve un refroidissement.

La castration des mâles de l'espèce ovine est une opération qui ne doit pas être négligée et qui doit être faite dans le jeune âge, car la chair du bélier prend un goût désagréable, et lorsque la mutilation n'a lieu que peu de temps avant de les livrer à la boucherie, ce goût ne disparaît pas entièrement.

§ III.

Améliorations.

L'entretien des bêtes à laine, plus particulièrement que celui de tous les autres animaux domestiques, est essentiellement soumis aux différentes phases de l'agriculture.

Ainsi, quand avant 1848 nous possédions encore beaucoup de parcours communaux, notre espèce ovine était nombreuse ; à mesure que ces pâturages ont diminué, le nombre des moutons s'est restreint ; la mise en culture de tous les terrains communaux , quelque improductifs qu'ils soient, a donc eu pour conséquence le ralentissement de l'élevage de l'espèce ovine ; mais, s'il y a apparence de pertes à cet égard , il y a eu augmentation de fourrages et de céréales au profit des espèces bovine et chevaline. Pour que l'élevage du mouton soit lucratif, il faut qu'il dépense peu de produits pouvant être employés pour d'autres espèces ; n'existe-t-il pas encore des terres très peu productives, utilisables pour l'entretien des bêtes à laine ; dans le ménage, ne laisse-t-on pas perdre des résidus de la cuisine, des débris de la grange, de la menue paille, que l'on pourrait et que l'on devrait employer à cet usage ?

D'où vient ce discrédit et le peu de soins donnés à l'économie de l'espèce ovine, quand, dans les pays très productifs, la Beauce et le Midi de la France, nous voyons de nobles et riches agriculteurs faire de l'élevage du mouton un objet de spéculation et de commerce très lucratifs ? Pourquoi ne pourrions-nous pas faire de même ? Rien ne s'y oppose, à notre avis, que la routine et l'habitude de n'apporter, en fait d'agriculture, aucun changement à ce que faisaient nos pères. Si nous manquons de pâturages, nous pouvons encore élever très économiquement les moutons à l'écurie avec des feuilles de frêne, de charme, de la paille d'avoine, auxquelles on ajouterait quelques provendes où entreraient des racines fourragères. Mais pour cela il faut d'abord les produire, ces racines fourragères. Améliorons donc nos cultures, et tout dans l'élevage, l'économie et l'éducation de nos animaux domestiques, y gagnera.

La race ovine de notre pays n'est certes pas le choix des bêtes à laine; à ce point de vue, elle est même très inférieure, car sa toison est de médiocre qualité et n'est pas propre à la fabrication des tissus fins. Par contre, la chair est fine, très succulente et de bonne qualité; nous n'avons donc pas à l'améliorer pour cela.

Comme les croisements sont des moyens sûrs d'amélioration de l'espèce, nous proposerons le *mérinos* comme capable de transmettre à notre espèce ovine plus de dispositions à fournir une laine fine et soyeuse. Comme ce sont des animaux de petite taille aussi, nous n'aurions pas à craindre l'augmentation de volume de la race du pays, qui resterait petite et en rapport avec les produits du sol; car toujours, dans l'importation d'une race, il faut compter avec ses exigences et mettre l'agriculture du pays dans les mêmes conditions que celle du pays d'origine de la race qui sert au croisement. Pour l'espèce chevaline et l'espèce bovine, il y a souvent inconvénient et beaucoup de dépenses à transformer la race par le croisement, tandis que pour le mouton, l'amélioration par la race elle-même est longue; elle n'est pas si sûre et est beaucoup plus coûteuse que par l'introduction d'une race possédant les aptitudes que l'on se propose d'obtenir.

Nous pensons qu'il n'est pas nécessaire de nous étendre davantage sur cette question, car nous croyons que les agriculteurs ne sont pas assez ennemis de leurs bénéfices pour négliger l'élevage et l'amélioration de l'espèce ovine.

§ IV.

Maladies les plus communes de l'espèce ovine.

Les vétérinaires sont assez peu consultés sur les maladies de l'espèce ovine ; beaucoup de cultivateurs croient même qu'ils ignorent complétement la médecine applicable à ces différentes maladies et ont plus confiance à un empirique, qui le plus souvent ne fait qu'avancer le mal.

Les maladies qu'on remarque le plus souvent sur les bêtes à laine dans le département sont les suivantes :

1° *Pourriture ou cachexie aqueuse.* Cette affection est assez rare ; cependant elle se déclare dans les localités marécageuses et marneuses, désignées en montagne sous le nom de *seignes.* C'est par l'hygiène qu'on peut remédier à cette maladie, en évitant de faire pâturer dans ces lieux.

2° *Gale.* Les affections de la peau chez le mouton sont assez fréquentes et difficiles à soigner, à cause du grand nombre d'animaux qu'elles attaquent à la fois. Elles produisent en outre des pertes assez considérables sur la laine et sur la valeur intrinsèque des animaux malades, qui maigrissent et dépérissent beaucoup.

3° *Indigestions.* Les indigestions sont encore communes et s'accompagnent quelquefois de météorisme lorsqu'on fait pâturer quand l'herbe est encore couverte de rosée.

4° *Tournis.* Cette maladie, produite par la présence d'un ver dans le cerveau, est assez rare dans notre pays.

5° *Piétin.* Maladie des onglons, à peu près inconnue dans le département.

6° *Clavelée.* La clavelée, encore appelée variole du mouton, est peu connue dans ce pays.

CHAPITRE V.

ESPÈCE PORCINE.

§ Ier.

Historique et statistique.

Le porc domestique descend du sanglier d'Europe, qu'on retrouve encore en quantité à l'état sauvage dans nos forêts. C'est un animal précieux pour l'alimentation de l'homme : sa chair figure, sous diverses formes, tout aussi bien sur la table du riche que sur celle du pauvre, et constitue même pour l'habitant des campagnes, le simple prolétaire, la seule et unique viande qu'il consomme.

Le porc est un animal vorace, de la famille des pachydermes (c'est-à-dire animaux à peau épaisse) ; il se nourrit de toute espèce d'aliments , de chair, d'herbes, de racines, de farineux ; tout lui convient, et c'est ce qui lui a fait donner le nom d'*omnivore*.

Les agronomes en général se sont peu occupés de l'amélioration de cet animal, malgré sa grande utilité ; on dirait que c'est un être trop immonde pour mériter les soins des agriculteurs.

La domination de l'homme a cependant imprimé sa puissance sur cet animal ; elle l'a transformé en une infinité de sous-races ou plutôt de races qui s'éloignent à un tel point du type commun qu'on est porté à ne pas y croire.

Les animaux de l'espèce porcine que le département du Doubs possède, peuvent être classés dans deux variétés distinctes par la taille : la grande et la petite.

La première a l'ossature un peu forte et élevée sur jambes, la tête allongée, les oreilles longues et pendantes, le dos large, un peu voûté, la côte relevée, les soies blanches ou pies noires. Elle ne prend la graisse facilement que vers deux ans.

La petite variété a le corps moyennement allongé, l'ossature légère, fine, elle est près de terre, dos de carpe étroit, oreilles courtes à demi pendantes ou droites, les côtes rabattues, le groin court et fin ; bonne marcheuse, elle ressemble beaucoup à la race bressanne-charolaise. Elle prend la graisse à l'âge de huit à onze mois.

Depuis une quinzaine d'années, la race anglo-chinoise a été introduite dans le département et a produit des métis qui feront l'objet de quelques réflexions à l'article des croisements et de l'amélioration de la race porcine.

Notre département a conservé la tradition de Varron et de Juvénal, qui désignaient le porc pour faire bonne chère. Aussi l'usage des *boudins* est-il encore pratiqué dans le pays. Saigner un cochon, dans chaque maison, à la campagne, c'est l'occasion d'un festin qui réunit la famille et les amis.

Statistique. Notre département possédait en l'an XII 25,880 cochons de tout âge. En 1828, 29,500 têtes réparties comme il suit par arrondissement :

Besançon	8,500
Baume	9,500
Montbéliard	8,700
Pontarlier	2,800
Total.	29,500

En 1862, 46,652 cochons, et en 1866, 37,633.

Commerce auquel nos cochons donnent lieu. Le commerce qui s'opère sur les cochons est un commerce d'alimentation entre propriétaires et consommateurs. La production étant inférieure à notre consommation, nous importons beaucoup de ces animaux des pays voisins, de l'Alsace, de la Suisse et de la Bresse, soit pour l'élevage, soit gras. Les bressans-charolais sont très estimés dans notre département. De toutes les zones, c'est la haute montagne qui fait naître le moins de cochons, les autres zones et les marchands étrangers approvisionnent d'animaux gras cette partie de notre territoire. Tout ce que l'on fait naître de cochons dans le pays y est engraissé et consommé ; notre exportation est par conséquent nulle. Quelques industriels et meuniers ayant à leur disposition beaucoup de résidus de la meunerie font un commerce très lucratif par l'élevage des cochons.

Le prix des cochons maigres varie à l'infini et va d'un extrême à l'autre, sans qu'on puisse le plus souvent en donner une raison bien plausible. Lorsque les gras ont été débités et qu'il y a abondance de pommes de terre, la vente subit une hausse considérable ; tout à coup elle retombe à vil prix.

Sans que nous puissions estimer au juste la quantité

de cochons qui se consomment dans le Doubs, nous pouvons dire qu'elle est considérable, vu que chaque ménage de la campagne saigne au moins un cochon ; quelques-uns même en tuent trois ou quatre, qui forment avec les légumes la base de l'alimentation.

Le poids moyen des cochons gras est de 100 kilogrammes, viande nette, et vaut environ 120 francs.

Logement et entretien des porcs. Chaque ménage, fermier ou cultivateur, élève au moins un cochon qu'il engraisse pour son usage ; le plus souvent même il garde une ou plusieurs truies pour l'alimentation de la ferme, et l'excédant est vendu comme gorets, ou à un âge plus avancé, six mois par exemple, sous le nom d'*hivernaux.*

Le logement du porc, appelé hutte ou porcherie, est tout ce qu'il y a de plus mal tenu. Il est établi le plus souvent sous un hangar ou à côté de la maison du fermier, quelquefois même dans l'écurie, et possède des dimensions qui sont généralement trop petites ; il pèche encore plus par sa malpropreté que par ses dimensions.

Le sol, habituellement mal entretenu, n'est nullement pavé et ne se prête pas à l'écoulement des urines ; ajoutez à cela qu'on y laisse encore séjourner les fumiers, qui ne sont enlevés que rarement ; il en résulte que ces animaux sont continuellement dans la saleté.

Le plus communément le porc est trop ou trop peu enfermé. On ne peut pas régler à volonté la température et l'aération des huttes, chose cependant bien nécessaire, car le cochon, et surtout le goret, est très sensible à un excès de chaleur comme à un excès de froid. L'humidité est aussi une cause de mortalité pour les jeunes animaux.

Les auges, en général mal placées à l'intérieur de la loge, sont à une hauteur souvent insuffisante, et ces animaux, ayant l'instinct de fouiller le sol, y poussent les fumiers et salissent leur nourriture. En outre, la fermière est souvent obligée d'entrer dans la loge pour leur donner leurs aliments, ce qui est un grave inconvénient.

Ces animaux ont besoin d'eau propre pour nettoyer leur peau des immondices et des insectes qui la souillent, et si on les voit se vautrer dans la fange, ce n'est nullement à cause de leurs habitudes sales, mais uniquement pour rafraîchir leur peau et leur corps; c'est au contraire peut-être le seul animal qui choisisse dans sa loge un coin pour déposer ses ordures et ne la salit jamais ailleurs.

Si le cochon est sujet à tant de maladies qui sont la plupart du temps incurables, cela tient, n'en doutons pas, à son genre de logement, et si chez quelques fermiers, ayant des logements excessivement mal tenus, les maladies ne sont pas fréquentes, cela résulte d'une nourriture végétale excessivement variée donnée à ces animaux. Par contre, dans les logements bien soignés, trop d'uniformité dans la nourriture est peut-être une cause de maladies et du grand nombre de mortalités qui s'y déclarent.

Voici la description d'un toit à porcs bien distribué; les éleveurs qui ont à cœur la santé et la prospérité de ces animaux pourront l'imiter.

Les porcheries doivent avoir des dimensions proportionnelles au nombre de cochons que l'on se propose d'é-

lever ; elles doivent être établies de manière à préserver
les animaux des ardeurs du soleil et des rigueurs du
froid. Le bâtiment doit être pourvu d'ouvertures pouvant
être fermées ou ouvertes, selon le besoin, pour aérer,
donner de la fraîcheur, de la lumière, ou concentrer de
la chaleur.

Elles doivent être élevées au-dessus du niveau du
terrain, afin de permettre le libre écoulement des urines,
qui seront conduites dans une fosse à purin située à proximité. Le sol du toit doit être autant que possible en dalles
ou en planches bien jointes (les planches sont plus chau-
des pour les pays montagneux), quelquefois percées de
petits trous par lesquels les urines et les liquides s'é-
coulent en dessous dans un espace vide de un mètre. Le
dessous de la loge, dans ce cas, doit être imperméable et
doit pouvoir s'égoutter facilement, pour que les porcs ne
soient pas exposés à ces émanations. Un sol élevé à double pente, dont le point culminant est occupé par la litière, est encore ce qu'il y a de préférable. Avec le sol
en dalles on peut, quand la température est propice,
laver à grande eau les habitations et les tenir excessivement propres et exemptes d'émanations miasmatiques. Lorsque ces habitations sont destinées à loger plusieurs de ces animaux, il faut qu'elles soient divisées en
plusieurs compartiments, afin de pouvoir séparer les
jeunes cochons des truies pleines, des verrats et de ceux
à l'engrais. Les jeunes gorets peuvent être logés plusieurs
ensemble, selon les dimensions du compartiment, et ceux
à l'engrais au nombre de deux. La dimension qu'on
donne à une loge étant relative au volume de ces ani-

maux , on compte que pour un cochon ordinaire on peut donner à la loge deux mètres de long sur un mètre de large. La porte du toit à porcs doit s'ouvrir des deux côtés selon le besoin.

Une litière abondante et sèche ne doit jamais être négligée. Les auges sont placées sur un des côtés des loges ou dans l'épaisseur du mur d'enceinte ; une espèce de couloir aboutissant au dehors permet de verser facilement et de conduire la nourriture dans l'auge, qui est le plus souvent en pierre ou en bois. S'il y a plusieurs cochons dans le même compartiment, l'auge est couverte d'une planche percée de trous, espèces de fenêtres par où le cochon enfile sa tête pour manger, et une fois qu'il a choisi une ouverture, il y revient à chaque repas.

Nous trouvons aussi le système suivant très bien : il consiste à fixer au-dessus de l'auge une porte mobile par sa partie supérieure au moyen de charnières ; on la pousse sur le bord intérieur de l'auge quand on veut donner à manger aux cochons, et pour permettre à ces animaux de prendre leur nourriture, on la laisse revenir en dehors.

Nous avons la satisfaction d'avouer que quelques propriétaires, se livrant à l'élève des cochons, possèdent des porcheries organisées dans le genre de celle que nous venons de décrire.

Le cochon aime à pâturer en liberté ; il faut, autant que possible, pouvoir lui ménager une cour, un enclos à côté de la hutte, où il pourra prendre de l'exercice.

Comme il recherche beaucoup l'eau, il faut établir dans cette cour un bassin ou réservoir d'eau propre où il puisse se baigner et se rafraîchir.

Les porcs sont élevés dans notre pays avec parcimonie, surtout les jeunes et ceux qu'on désigne sous le nom d'hivernaux ; quant à ceux à l'engrais, nous examinerons leur entretien un peu plus loin.

Dans la haute montagne, ils sont gardés habituellement à la porcherie et lâchés de temps en temps dans un enclos à cet effet ; ils reçoivent une nourriture très variée, composée d'herbes, de foin, de regain, des eaux grasses, des résidus du ménage, additionnés d'un peu de farine grossière, de son ou de pommes de terre cuites ; d'ailleurs, ils ne procurent beaucoup de bénéfices qu'autant que leur nourriture est peu coûteuse jusqu'au moment de l'engraissement.

Dans la plaine et la moyenne montagne, ils reçoivent à peu près la même nourriture, si ce n'est qu'on leur donne en outre de la luzerne, du trèfle et plus de racines fourragères ; au reste, les substances végétales conviennent très bien pour l'entretien des porcs adultes, et en général les légumineuses sont préférables aux graminées.

Pendant la belle saison, on les réunit en troupes, et, sous la conduite d'un berger, on les envoie paître sur les chaumes, et toutes les fois que le chêne et le hêtre produisent beaucoup de fruits, on les conduit dans les forêts, où ils s'entretiennent souvent plusieurs jours sans rentrer à la porcherie.

Pour empêcher les porcs de fouiller le sol, on leur fait subir une opération désignée vulgairement *clouage*, *clouer*, qui consiste à passer un fil de fer fort dans l'épaisseur du groin et à enrouler les extrémités pour qu'il ne sorte pas.

Chaque cultivateur ou simple prolétaire engraisse un ou plusieurs cochons, selon ses besoins. En outre, les cultivateurs intelligents en engraissent un supplément pour le commerce, qui les indemnise de la nourriture de ceux qu'ils gardent pour l'entretien de la famille. Chez les gens de la campagne et chez les ouvriers, la viande de cochon est presque la seule qui entre dans la nourriture journalière. Elle est le complément nécessaire des choux, de la choucroute, des raves salées, des pommes de terre et des quartiers de poires sèches. La haute montagne a en plus le *brési* ou viande de vache salée et séchée à la cheminée; c'est une vieille habitude, et un ménage de la montagne qui n'aurait pas son brési se croirait mal approvisionné pour l'hiver.

L'engraissement s'opère presque exclusivement pendant l'hiver et se commence dès l'âge de huit mois à un an et demi et même deux ans pour les porcs. En cette saison, les cultivateurs ont à leur disposition toutes espèces de provisions, telles que racines, tubercules, criblures de grains, son de mouture et débris du ménage.

Dans les années d'abondance de glands, beaucoup de personnes en ramassent pour l'engraissement de leurs cochons, ce qui donne une viande ferme et de meilleure qualité.

Le petit lait ou *clair* provenant des nombreuses fruitières du pays constitue une grande ressource, tant pour l'entretien que pour l'engraissement des porcs, et ce résidu de la fabrication du fromage ne laisse pas d'avoir encore une valeur considérable pour cet usage.

Une grande régularité dans la distribution de la nour-

riture et la stricte quantité nécessaire à chaque repas
sont d'une importance majeure dans l'entretien et l'engraissement de ces animaux. Il faut observer si à chaque
repas les cochons n'ont pas refusé d'aliments ; autrement
il faudrait avoir soin de débarrasser l'auge avant d'en
donner de nouveaux, et s'assurer s'ils prennent bien ceux
qu'on leur présente ensuite.

Les mauvais aliments, les substances aigries, les rations insuffisantes, étant cause de maladies graves pour
l'espèce porcine, on ferait bien d'ajouter à la ration ali-
mentaire des substances toniques qui conviennent parfaitement à ces animaux : tels sont le pissenlit, la chicorée, la gentiane en poudre, le sel de cuisine, qui
provoquent une bonne digestion et donnent au lard de
la fermeté et plus de qualité.

Les maladies vermineuses, étant fréquentes chez le
cochon, causent sinon la mort, tout au moins une
moindre qualité de la viande ; il serait donc utile de leur
faire prendre de temps en temps, dans leurs aliments,
des vermifuges. Nous croyons qu'on pourrait, par ce
moyen, arriver à préserver les animaux de ces infections
vermineuses.

Un aliment qui n'est pas à dédaigner pour le cochon,
lorsque l'occasion s'en présente, c'est la viande de cheval
qui est souvent jetée sans être utilisée. Malgré les
préjugés, cette viande convient bien non-seulement
pour l'entretien des porcs, mais aussi pour l'engraissement ; mais en même temps il faut leur donner des
aliments végétaux. La chair du cochon n'acquiert nullement de mauvaises qualités avec ce régime : l'expé-

rience a prouvé que la viande provenant de ces animaux est tout à fait salubre.

Lorsque les cochons sont arrivés à un état d'engraissement avancé, l'appétit diminue, et ils restent longtemps couchés ; alors le moment est venu de s'en défaire et de les livrer à la boucherie.

Reproduction et élève de l'espèce porcine. La reproduction de l'espèce porcine se fait généralement sans soins, et cependant l'élevage d'un animal aussi utile au bien-être du pauvre habitant des campagnes et de la classe ouvrière mérite bien quelque attention.

On fait faire habituellement deux portées à la truie, l'une au printemps et l'autre en automne ; mais les reproducteurs sont rarement l'objet d'une sélection bien comprise et d'un choix bien judicieux.

L'espèce porcine étant sujette à un grand nombre de maladies héréditaires, nuisant à la qualité de la viande, il est d'un intérêt supérieur de choisir dans le nombre de ces animaux ceux qui sont exempts de ces maladies.

Le choix sous le rapport de la taille est tout à fait secondaire, et en général une petite taille est préférable à une grande ; c'est l'aptitude à s'engraisser et à utiliser les aliments qu'il faut rechercher, car peu importe que cent kilogrammes de lard soient produits avec un porc ou avec deux ; l'essentiel c'est qu'ils les produisent avec le moins de nourriture possible. Un reproducteur de petite taille ne doit donc pas être dédaigné s'il a beaucoup de dispositions à s'engraisser.

Le choix sous le rapport des formes est aussi d'une grande importance pour la qualité de la viande : Chabert choisissait pour le mâle le porcelet le plus long. Les éleveurs conseillent les formes suivantes : corps long cylindrique, os petits, muscles développés, poitrine large ; côtes rondes, dos droit large ; reins aplatis ; tête courte mince ; groin fin, pointu ; yeux ardents ; cou court, épais, large ; épaules et cuisses fortes , saillantes , épaisses , cachant les avant-bras et les jambes ; derniers rayons des membres courts, minces ; articulations nettes, sans engorgements ni boursouflures ; peau douce , élastique , sans plis ; soies brillantes, douces, fines, claires. (M. Magne, directeur de l'école d'Alfort.)

Les porcs peuvent se reproduire très jeunes, dès l'âge de huit à dix semaines ; en général, il faut les employer jeunes et réformer les vieux. C'est environ à l'âge de huit à dix mois que l'on peut faire accoupler l'un et l'autre de ces animaux avantageusement.

Pour les truies, il faut aussi rechercher toutes les conditions d'une bonne santé, celles qui sont gaies, qui mangent bien et dont la queue forme un anneau à sa base. Elles doivent avoir l'abdomen développé, le bassin ample , le flanc large, les mamelles volumineuses et nombreuses.

La durée de la gestation est dans la truie de trois mois trois semaines et trois jours ou de seize à dix-sept semaines. Il faut surveiller la truie quand elle veut mettre bas, soit pour l'aider dans cet acte, soit pour l'empêcher d'écraser sa progéniture, soit pour l'empêcher de la dévorer ou de manger l'arrière-faix.

Dès l'âge de douze à quinze jours, chez les cultivateurs soigneux, les jeunes gorets reçoivent un supplément de nourriture consistant dans du lait de vache ou de chèvre, ce qui fait qu'au sevrage, qui arrive de un mois à six semaines, les animaux, plus forts, plus vigoureux et déjà habitués à une nourriture étrangère, ressentent moins l'effet de la privation de la mère. On ferait bien d'opérer le sevrage petit à petit, c'est-à-dire de mettre deux ou trois jours pour l'opérer complétement, en présentant d'abord les petits à la mère trois fois dans le jour, le lendemain deux fois et le surlendemain une fois seulement.

Les porcelets doivent être tenus dans des logements chauds, ils craignent beaucoup l'humidité; aussi doit-on leur donner une litière sèche et abondante.

La castration se pratique sur les mâles à peu près toujours de quinze jours à un mois ; elle est pratiquée par les gens de la ferme, qui s'y connaissent assez bien. La méthode suivie est l'ablation complète des testicules sans ligature.

La castration des truies est aussi très employée pour celles que l'on se propose d'engraisser, mais elle est faite à un âge plus avancé. Elle est pratiquée par des châtreurs de profession.

§ III.

Amélioration des races porcines.

Dans l'amélioration des races porcines, on a peu à s'occuper du climat, car l'amélioration qu'on doit se proposer consiste à leur donner plus de dispositions à utiliser avantageusement les aliments qu'elles reçoivent.

Opérer le perfectionnement d'un animal aussi utile aux ouvriers et aux malheureux campagnards, c'est non-seulement rendre service à la classe la plus nombreuse de la société, mais encore exercer une influence utile sur l'état sanitaire de la population et même sur son état moral.

Dans la partie du département où l'on envoie ces animaux chercher au loin leur nourriture, les races à courtes jambes seraient peu utiles, tandis que là où on les garde continuellement à la porcherie, cette espèce, ayant beaucoup de dispositions à s'engraisser, est très avantageuse.

C'est par le croisement que l'on peut arriver le plus promptement et le plus sûrement au perfectionnement des cochons de notre pays. L'amélioration de la race par elle-même est un moyen bon et efficace, mais long, parce que malheureusement notre contrée ne fait pas de cette industrie l'objet d'une bien sérieuse spéculation.

Le croisement des cochons du pays par l'anglo-chinois serait donc un choix utile et bien avantageux; ces animaux, s'engraissant facilement, donnent un lard d'excellente qualité.

On reproche à cette race d'être trop petite et de diminuer la taille de nos animaux; mais les agriculteurs ne doivent pas repousser ce mode de perfectionnement pour ce motif, car le cochon dépense relativement à son volume, et c'est celui qui dépensera le moins de nourriture tout en donnant autant de produits, qui doit avoir la préférence.

Un autre reproche adressé aux petites races, c'est que

la vente des gorets provenant de ces animaux est moins lucrative que celle des petits cochons provenant d'une grande race. A cela nous répondrons que si l'on admet que ces animaux dépensent en raison de leur volume, il en résultera que l'on entretiendra quatre truies de la petite race là où l'on ne pourrait en entretenir que trois de la variété à grande taille de notre pays.

Un argument aussi contre les races à courtes jambes, c'est que leur lard n'est pas aussi bon que celui des cochons bressans et de ceux de notre pays. Notre réponse à cette objection est que la différence de qualité tient autant au genre de nourriture qu'à la race. Nous avons été bien des fois à même de faire manger de cette viande à des convives, et jamais ils n'ont pu nous dire de quelle variété de cochons elle provenait.

Wetzel, pasteur, dit aussi qu'il y a une quinzaine d'années, le comice agricole de Montbéliard introduisit dans le pays la race anglo-chinoise, provenant de l'école d'Alfort, et que cette race se répandit bientôt dans tous les grands établissements ruraux. Croisée avec celle du pays, cette race donne des produits possédant d'excellentes qualités. (*Recherches anthropologiques sur le pays de Montbéliard*, par M. le docteur Muston.)

Beaucoup d'autres importations de cochons chinois ont été faites dans le département, et partout on s'en est trouvé satisfait.

§ IV.

Maladies les plus ordinaires.

Les maladies des cochons sont généralement inflamma-
toires et le plus souvent mortelles. Le diagnostic de leurs
maladies est quelque chose de difficile, mais le traitement l'est encore plus ; et si leurs maladies sont si souvent mortelles, cela tient moins à leur incurabilité qu'à
l'impossibilité d'administrer des médicaments. Or, puisque
leurs maladies sont si difficiles à soigner, il importe de
chercher à les prévenir pour ne pas avoir à les traiter. Ce
sera par une bonne hygiène et l'observation des principes
que nous avons essayé d'éclaircir qu'on y arrivera.

1° *Gastro entérites.* Ces maladies sont communes chez
les cochons ; elles sont dues à plusieurs causes, mais dans
le nombre il faut placer en première ligne l'alimentation, souvent composée de substances de mauvaise qualité.

2° *Angines.* Les angines sont aussi communes et revê-
tent souvent le caractère gangréneux ; d'ailleurs, toutes
les maladies par altération du sang sont fréquentes chez
ces animaux ; nous en avons donné les raisons.

3° *Ladrerie.* Cette affection consiste dans le développement, dans le foie et les chairs du cochon, du ver nommé
cysticerque celluleux. Cette maladie est héréditaire et
commune dans notre pays ; on doit exclure de la reproduction les animaux qui en sont atteints. Quand la viande
en est très infectée, la vente en est prohibée par la loi du 24
août 1790, l'article 605 de la loi du 4 brumaire an iv sur
la police sanitaire, et l'article 1641 du Code Napoléon.

4° *Goutte, arthrite rhumatismale.* Ces affections, assez fréquentes, sont dues à la malpropreté et à la mauvaise tenue des étables. Elles sont héréditaires, et les animaux qui en sont atteints doivent être exclus de la reproduction.

5° *Maladies charbonneuses, violet, rouget.* Les affections charbonneuses sous leurs diverses formes sont des maladies fréquentes et contagieuses, qui proviennent le plus souvent de la mauvaise nourriture et du mauvais état sanitaire du toit.

6° *Trichine.* La trichinose est une maladie consistant dans un ver blanc rosé microscopique, qui se développe dans les intestins d'abord, puis dans le tissu musculaire et vit à ses dépens. Cette maladie est fréquente en Allemagne, mais on ne l'a pas encore reconnue dans notre département. Là elle produit souvent des accidents chez l'homme, car dans ce pays, on a l'habitude de manger la viande presque crue ou peu cuite. En France, au contraire, cette maladie est peu commune, la viande du porc subissant presque toujours une cuisson suffisante, et la trichine étant tuée par une température de 60 à 70 degrés.

CHAPITRE VI.

UN MOT DE LA CHÈVRE.

La chèvre est le type des animaux rustiques. Elle descend de l'*œgagre* ou *chèvre sauvage*, que l'on trouve sur les montagnes de l'Asie et de la Perse. Comme c'est une industrie tout à fait secondaire, nous nous en occuperons très peu.

Statistique. En 1828, le département possédait 11,700 chèvres, réparties par arrondissement comme il suit, savoir :

Besançon.,.......	2,600
Baume...........	4,400
Montbéliard	2,500
Pontarlier	2,200

Total,   11,700 chèvres.

En 1862, il y avait 10,285 têtes, et en 1866 environ 10,000.

Elle est très commune dans les ménages pauvres et d'ouvriers ; c'est la vache du pauvre, comme on dit ; elle est entretenue avec peu de chose et donne jusqu'à trois ou quatre litres de lait par jour. Nous ne possédons dans le département que la chèvre commune.

La chair du cabri est très estimée ; celle de la chèvre

est beaucoup moins bonne ; la peau sert à faire de la chaussure, des gants, etc.

Les 10,000 chèvres représentent en moyenne une valeur de 120,000 francs. La chèvre est très robuste et est rarement malade.

CHAPITRE VII.

§ I.

Tableau comparatif des déchets, pour les animaux ci-dessous, du vivant à la viande nette.

Pour le bœuf gras , déchet de 45 à 50 p. 0/0
— vache grasse , id. 55 à 60 p. 0/0
— mouton , id. 40 à 45 p. 0/0
— cochon , id. 24 à 26 p. 0/0

(La truie qui a fait des petits donne un déchet un peu plus considérable.)

§ II.

Tableau comparatif du prix de la viande nette pour les animaux suivants :

ANNÉES.	PRIX DU DEMI-KILOGRAMME DE		
	Bœuf.	Mouton.	Porc.
	fr. c.	fr. c.	fr. c.
1824 à 1833	» 41	» 42	» 43
1834 à 1843	» 46	» 48	» 46
1844 à 1853	» 48	» 50	» 50
1854 à 1863	» 60	» 60	» 74
1864 à 1869	» 65	» 65	» 75

Ce qui revient à dire que de 1824 à 1869, le prix de la viande de bœuf a augmenté environ de 31.70 p. 0/0, celle de mouton de 30.94 p. 0/0, et celle de porc de 34.88 p. 0/0.

§ III.

Valeur de nos principaux animaux domestiques.

Espèce chevaline	9,630,000 fr.
Espèce asine.	73,000
Espèce mulassière	82,000
Espèce bovine.	28,195,880
Espèce ovine	650,000
Espèce porcine.	950,000
Espèce caprine	120,000

Total, 41,200,880 fr.

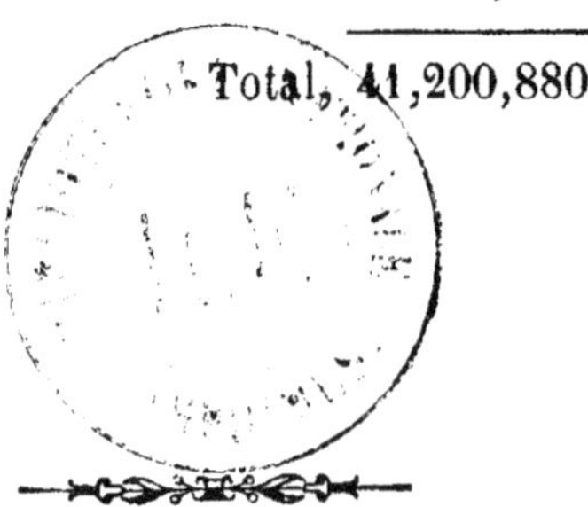

TABLE DES MATIÈRES.

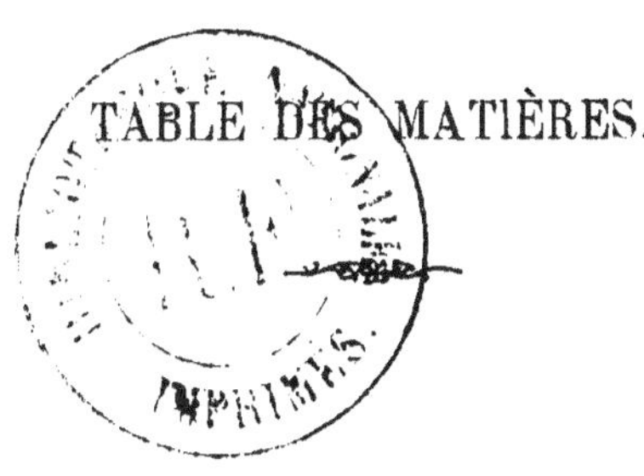

§ III. *Influence des sociétés savantes sur le progrès agricole.*

Chapitre II.

Chapitre III.

Chapitre IV.

Chapitre V.

Chapitre VI.

Chapitre VII.

BESANÇON, IMPR. DE J. JACQUIN.

9 782329 378862